大瑶山珍稀植物

RARE PLANTS IN THE DAYAO MOUNTAIN

黄俞淞 卢峰
覃琨 刘演
主编

广西科学技术出版社
·南宁·

图书在版编目（CIP）数据

大瑶山珍稀植物 / 黄俞淞等主编．—南宁：广西科学技术出版社，2024.5
ISBN 978-7-5551-2185-5

Ⅰ.①大…　Ⅱ.①黄…　Ⅲ.①珍稀植物—调查研究—广西　Ⅳ.①Q948.526.7

中国国家版本馆CIP数据核字（2024）第091264号

DAYAO SHAN ZHENXI ZHIWU
大瑶山珍稀植物
黄俞淞　卢　峰　覃　琨　刘　演　主编

策划编辑：邓　霞　　责任编辑：邓　霞　罗　风　池庆松
责任校对：吴书丽　　装帧设计：梁　良
责任印制：韦文印

出 版 人：梁　志　　出版发行：广西科学技术出版社
社　　址：广西南宁市东葛路66号　　邮政编码：530023
网　　址：http://www.gxkjs.com　　编辑部电话：0771-5880461
印　　刷：广西民族印刷包装集团有限公司

开　　本：787 mm × 1092 mm　1/16
字　　数：747千字　　印　　张：28.5
版　　次：2024年5月第1版　　印　　次：2024年5月第1次印刷
书　　号：ISBN 978-7-5551-2185-5
定　　价：298.00元

《大瑶山珍稀植物》
编委会

前言

生物多样性是人类赖以生存和发展的基础，也是生态安全和粮食安全的重要保障。我国是生物多样性大国，生物多样性保护已被纳入经济社会发展全过程，并上升为国家战略，成为全社会的共识。我国也在积极推进全球生物多样性保护进程，加快构建以国家公园为主体的自然保护地体系，为全球生物多样性保护贡献中国方案。

广西自南向北跨越北热带、南亚热带、中亚热带3个气候带，拥有南岭区、桂西黔南石灰岩区、桂西南山地区和南海区等 4个中国生物多样性保护优先区域，是中国生物多样性最丰富的省区之一，已建成自然保护地223个，构建起较为完善的自然保护地体系，保护了90%以上陆地生态系统类型、44%的红树林湿地、90%的国家重点保护野生动物、82%的国家重点保护野生植物，生物多样性保护成效显著。

大瑶山位于广西中部弧形山脉东翼中段，山体庞大陡峻，地貌以中山为主，主峰圣堂山海拔1979 m。地层古老，地质构造复杂，断裂大多近南北走向，褶皱轴线大多近东西走向。气候属南亚热带向中亚热带过渡的季风区山区气候类型，垂直变化和水平变化明显，冬暖夏凉，雨量充沛。这些特殊的自然环境为动植物的繁衍生息提供了优越条件，使得大瑶山成为广西野生动植物资源最丰富、种类最复杂的地区之一。

在植物物种多样性方面，截至2022年，大瑶山共记载维管植物2350种（含种下等级），包括石松类和蕨类植物共331种，种子植物2019种。其中，国家重点保护野生植物70种（国家一级保护3种，二级保护67种），广西重点保护野生植物76种，我国极小种群野生植物6种，兰科植物71种。为了系统展示广西大瑶山珍稀植物资源，促进资源的保护与可持续利用，广西壮族自治区中国科学院广西植物研究所、广西壮族自治区森林资源与生态环境监测中心、广西大瑶山国家级自然保护区管理中心、广西来宾市林业勘测设计院有限公司联合编写本书。

本书收录大瑶山珍稀植物203种，包括国家或广西重点保护野生植物、CITES

附录植物、IUCN红色物种名录评估种、我国极小种群野生植物以及中国或广西特有植物等。各种植物均附有中文名称、别名、科名、学名、简要的形态特征、资源现状、濒危原因、保护价值和措施等信息。全书文字简练、图片清晰、物种鉴定准确。

本书在编著过程中得到了广西大瑶山森林生态系统国家定位观测研究站、来宾金秀大瑶山森林生态系统广西野外科学观测研究站、广西林业科技推广示范项目（2023GXLK44）、广西自筹经费林业科技项目（桂林科研〔2022ZC〕第10号）、广西植物功能物质与资源持续利用重点实验室、广西喀斯特植物保育与恢复生态学重点实验室的资助，在野外调查和标本鉴定过程中，还得到了广西壮族自治区药用植物园、广西壮族自治区中医药研究院、中国科学院华南植物园、中国科学院植物研究所、中国科学院昆明植物研究所等单位的大力支持，吕郁彪、申文辉、杜虎、苏宏新、莫伟华、罗应华等专家提出宝贵的修改意见，王炳谋、刘莹、刘昂、朱鑫鑫、张金龙、曾云保、杨平、农东新、吴磊、李述万、胡仁传、黄雪玉、黄雪奎、刘志荣、农时越、谢高、苏钰岚、李健玲、陆秋艳、李美贤、苏敏、梁津慧、叶晓霞、吴望辉、黄歆怡、韩孟奇、刘静等提供精美照片，在此谨致以衷心感谢!

本书的出版将为深入研究大瑶山保护区乃至南亚热带与中亚热带植物多样性，推进国家公园创建，促进生物多样性保护与可持续利用等工作提供科学依据和重要支撑，可供植物学、林学、农学、生态学等科研工作者，高等院校师生及植物爱好者参考使用。对书中错漏之处，敬请读者批评指正。

编者

2023 年 8 月

目 录

石松类和蕨类植物 Lycophytes and Ferns

石松科 Lycopodiaceae

长柄石杉 *Huperzia javanica* ······ 2
南川石杉 *Huperzia nanchuanensis* ······ 4
南岭石杉 *Huperzia nanlingensis* ······ 6
华南马尾杉 *Phlegmariurus austrosinicus* ······ 8
金丝条马尾杉 *Phlegmariurus fargesii* ······ 10
福氏马尾杉 *Phlegmariurus fordii* ······ 12
有柄马尾杉 *Phlegmariurus petiolatus* ······ 14

合囊蕨科 Marattiaceae

福建观音座莲 *Angiopteris fokiensis* ······ 16

金毛狗科 Cibotiaceae

金毛狗 *Cibotium barometz* ······ 18

桫椤科 Cyatheaceae

粗齿桫椤 *Alsophila denticulata* ······ 20
桫椤 *Alsophila spinulosa* ······ 22
平鳞黑桫椤 *Gymnosphaera henryi* ······ 26
黑桫椤 *Gymnosphaera podophylla* ······ 28

凤尾蕨科 Pteridaceae

水蕨 *Ceratopteris thalictroides* ······ 30
三叉凤尾蕨 *Pteris tripartita* ······ 32

铁角蕨科 Aspleniaceae

黑边铁角蕨 *Asplenium speluncae* ······ 34

乌毛蕨科 Blechnaceae

苏铁蕨 *Brainea insignis* ······ 36

鳞毛蕨科 Dryopteridaceae

粗齿黔蕨 *Arachniodes blinii* ······ 38
圆叶舌蕨 *Elaphoglossum sinii* ······ 40

水龙骨科 Polypodiaceae

槲蕨 *Drynaria roosii* ······ 42
瑶山瓦韦 *Lepisorus kuchenensis* ······ 44

裸子植物 Gymnosperms

松科 Pinaceae

银杉 *Cathaya argyrophylla* ······ 48
江南油杉 *Keteleeria fortunei* var. *cyclolepis* ······ 52
长苞铁杉 *Nothotsuga longibracteata* ······ 54
华南五针松 *Pinus kwangtungensis* ······ 56
台湾松 *Pinus taiwanensis* ······ 60
铁杉 *Tsuga chinensis* ······ 62

柏科 Cupressaceae

福建柏 *Fokienia hodginsii* ······ 66

罗汉松科 Podocarpaceae

鸡毛松 *Dacrycarpus imbricatus* ······ 68
百日青 *Podocarpus neriifolius* ······ 72
小叶罗汉松 *Podocarpus wangii* ······ 74

红豆杉科 Taxaceae

穗花杉 *Amentotaxus argotaenia* ··············· 76

海南粗榧 *Cephalotaxus hainanensis* ··········· 78

白豆杉 *Pseudotaxus chienii* ····················· 80

南方红豆杉 *Taxus wallichiana* var. *mairei* ··· 82

被子植物 Angiosperms

木兰科 Magnoliaceae

粗梗木莲 *Manglietia crassipes* ················· 86

观光木 *Michelia odora* ··························· 88

云南拟单性木兰 *Parakmeria yunnanensis* ··· 90

五味子科 Schisandraceae

黑老虎 *Kadsura coccinea* ······················· 92

樟科 Lauraceae

大瑶山琼楠 *Beilschmiedia weii* ················· 94

闽楠 *Phoebe bournei* ···························· 96

毛茛科 Ranunculaceae

短萼黄连 *Coptis chinensis* var. *brevisepala* ··· 100

小檗科 Berberidaceae

八角莲 *Dysosma versipellis* ····················· 102

木通科 Lardizabalaceae

瑶山野木瓜 *Stauntonia yaoshanensis* ········· 104

大血藤 *Sargentodoxa cuneata* ·················· 106

防己科 Menispermaceae

血散薯 *Stephania dielsiana* ···················· 108

青牛胆 *Tinospora sagittata* ···················· 110

马兜铃科 Aristolochiaceae

金耳环 *Asarum insigne* ·························· 112

广防己 *Isotrema fangchi* ························ 114

海明关木通 *Isotrema haimingii* ················· 116

远志科 Polygalaceae

黄花倒水莲 *Polygala fallax* ····················· 118

瑶山蝉翼藤 *Securidaca yaoshanensis* ········· 120

川苔草科 Podostemaceae

水石衣 *Hydrobryum griffithii* ··················· 122

蓼科 Polygonaceae

金荞麦 *Fagopyrum dibotrys* ···················· 124

凤仙花科 Balsaminaceae

毛凤仙花 *Impatiens lasiophyton* ··············· 126

瑶山凤仙花 *Impatiens macrovexilla* var. *yaoshanensis* ················· 128

瑞香科 Thymelaeaceae

毛瑞香 *Daphne kiusiana* var. *atrocaulis* ······ 130

西番莲科 Passifloraceae

广东西番莲 *Passiflora kwangtungensis* ········· 132

葫芦科 Cucurbitaceae

罗汉果 *Siraitia grosvenorii* ····················· 134

长萼栝楼 *Trichosanthes laceribractea* ········· 136

秋海棠科 Begoniaceae

金秀秋海棠 *Begonia glechomifolia* ············ 138

膜果秋海棠 *Begonia hymenocarpa* ············ 140

五列木科 Pentaphylacaceae

亮叶杨桐 *Adinandra nitida* ····················· 142

山茶科 Theaceae

野生茶 *Camellia sinensis* ······················· 144

心叶折柄茶 *Stewartia cordifolia* ··············· 146

猕猴桃科 Actinidiaceae
金花猕猴桃 *Actinidia chrysantha* …… 148
条叶猕猴桃 *Actinidia fortunatii* …… 150

金莲木科 Ochnaceae
合柱金莲木 *Sauvagesia rhodoleuca* …… 152

野牡丹科 Melastomataceae
棱果花 *Barthea barthei* …… 154
大瑶山鸭脚茶 *Tashiroea dayaoshanensis* …… 156

红树科 Rhizophoraceae
旁杞木 *Carallia pectinifolia* …… 158

藤黄科 Clusiaceae
薄叶红厚壳 *Calophyllum membranaceum* …… 160

黏木科 Ixonanthaceae
黏木 *Ixonanthes reticulata* …… 162

绣球花科 Hydrangeaceae
罗蒙常山 *Dichroa yaoshanensis* …… 164

蔷薇科 Rosaceae
甜茶 *Rubus chingii* var. *suavissimus* …… 166

豆科 Fabaceae
瑶山山黑豆 *Dumasia nitida* …… 168
榼藤 *Entada phaseoloides* …… 170
白花油麻藤 *Mucuna birdwoodiana* …… 172
肥荚红豆 *Ormosia fordiana* …… 174
花榈木 *Ormosia henryi* …… 176
小叶红豆 *Ormosia microphylla* …… 178
密花豆 *Spatholobus suberectus* …… 180
任豆 *Zenia insignis* …… 182

蕈树科 Altingiaceae
半枫荷 *Semiliquidambar cathayensis* …… 186

杨梅科 Myricaceae
青杨梅 *Morella adenophora* …… 188

冬青科 Aquifoliaceae
苗山冬青 *Ilex chingiana* …… 190
长圆果冬青 *Ilex guangxica* …… 192

茶茱萸科 Icacinaceae
定心藤 *Mappianthus iodoides* …… 194

芸香科 Rutaceae
毛叶两面针 *Zanthoxylum nitidum* var. *tomentosum* …… 196

楝科 Meliaceae
红椿 *Toona ciliata* …… 198

无患子科 Sapindaceae
伞花木 *Eurycorymbus cavaleriei* …… 202

叠珠树科 Akaniaceae
伯乐树 *Bretschneidera sinensis* …… 204

瘿椒树科 Tapisciaceae
瘿椒树 *Tapiscia sinensis* …… 206

胡桃科 Juglandaceae
喙核桃 *Annamocarya sinensis* …… 208
青钱柳 *Cyclocarya paliurus* …… 210

蓝果树科 Nyssaceae
喜树 *Camptotheca acuminata* …… 212
马蹄参 *Diplopanax stachyanthus* …… 214

五加科 Araliaceae
刚毛白簕 *Eleutherococcus setosus* …… 216
通脱木 *Tetrapanax papyrifer* …… 218

杜鹃花科 Ericaceae

灯笼树 *Enkianthus chinensis* …… 220

大橙杜鹃 *Rhododendron dachengense* …… 222

圣堂杜鹃 *Rhododendron dachengense* var. *scopulum* …… 224

桂海杜鹃 *Rhododendron guihainianum* …… 226

金秀杜鹃 *Rhododendron jinxiuense* …… 230

百合花杜鹃 *Rhododendron liliiflorum* …… 232

羊踯躅 *Rhododendron molle* …… 234

稀果杜鹃 *Rhododendron oligocarpum* …… 236

长圆团叶杜鹃 *Rhododendron orbiculare* subsp. *oblongum* …… 238

网脉越橘 *Vaccinium crassivenium* …… 240

椭圆叶越橘 *Vaccinium pseudorobustum* …… 242

瑶山越橘 *Vaccinium yaoshanicum* …… 244

水晶兰科 Monotropaceae

水晶兰 *Monotropa uniflora* …… 246

山榄科 Sapotaceae

紫荆木 *Madhuca pasquieri* …… 248

报春花科 Primulaceae

走马胎 *Ardisia gigantifolia* …… 250

心叶紫金牛 *Ardisia maclurei* …… 252

灵香草 *Lysimachia foenum-graecum* …… 254

安息香科 Styracaceae

银钟花 *Perkinsiodendron macgregorii* …… 256

白辛树 *Pterostyrax psilophyllus* …… 258

夹竹桃科 Apocynaceae

尖山橙 *Melodinus fusiformis* …… 260

毛杜仲藤 *Urceola huaitingii* …… 262

茜草科 Rubiaceae

巴戟天 *Morinda officinalis* …… 264

忍冬科 Caprifoliaceae

长花忍冬 *Lonicera longiflora* …… 266

菊科 Asteraceae

广西蒲儿根 *Sinosenecio guangxiensis* …… 268

旋花科 Convolvulaceae

瑶山丁公藤 *Erycibe sinii* …… 270

母草科 Linderniaceae

瑶山母草 *Lindernia yaoshanensis* …… 272

列当科 Orobanchaceae

岭南来江藤 *Brandisia swinglei* …… 274

独脚金 *Striga asiatica* …… 276

苦苣苔科 Gesneriaceae

黄杨叶芒毛苣苔 *Aeschynanthus buxifolius* …… 278

小横蒴苣苔 *Beccarinda minima* …… 282

紫花马铃苣苔 *Oreocharis argyreia* …… 284

石上莲 *Oreocharis benthamii* var. *reticulata* …… 286

瑶山苣苔 *Oreocharis cotinifolia* …… 288

异蕊马铃苣苔 *Oreocharis heterandra* …… 290

大齿马铃苣苔 *Oreocharis magnidens* …… 292

羽裂报春苣苔 *Primulina pinnatifida* …… 294

齿萼报春苣苔 *Primulina verecunda* …… 296

长筒漏斗苣苔 *Raphiocarpus macrosiphon* …… 298

无毛漏斗苣苔 *Raphiocarpus sinicus* …… 300

天门冬科 Asparagaceae

带叶蜘蛛抱蛋 *Aspidistra fasciaria* …… 302

帆状蜘蛛抱蛋 *Aspidistra molendinacea* …… 304

广西蜘蛛抱蛋 *Aspidistra retusa* …… 306

大瑶山蜘蛛抱蛋 *Aspidistra yunbiaoi* …… 308

异黄精 *Heteropolygonatum roseolum* …… 310

藜芦科 Melanthiaceae

白丝草 *Chamaelirium chinense* ······ 312
七叶一枝花 *Paris chinensis* ······ 314

兰科 Orchidaceae

金线兰 *Anoectochilus roxburghii* ······ 318
竹叶兰 *Arundina graminifolia* ······ 320
齿瓣石豆兰 *Bulbophyllum levinei* ······ 322
伏生石豆兰 *Bulbophyllum reptans* ······ 324
小叶石豆兰 *Bulbophyllum tokioi* ······ 326
翘距虾脊兰 *Calanthe aristulifera* ······ 328
密花虾脊兰 *Calanthe densiflora* ······ 330
钩距虾脊兰 *Calanthe graciliflora* ······ 332
长距虾脊兰 *Calanthe sylvatica* ······ 334
金唇兰 *Chrysoglossum ornatum* ······ 336
高宝兰 *Cionisaccus procera* ······ 338
流苏贝母兰 *Coelogyne fimbriata* ······ 340
台湾吻兰 *Collabium formosanum* ······ 342
铠兰 *Corybas sinii* ······ 344
多花兰 *Cymbidium floribundum* ······ 346
寒兰 *Cymbidium kanran* ······ 350
兔耳兰 *Cymbidium lancifolium* ······ 352
墨兰 *Cymbidium sinense* ······ 354
钩状石斛 *Dendrobium aduncum* ······ 356
密花石斛 *Dendrobium densiflorum* ······ 358
单叶厚唇兰 *Dendrobium fargesii* ······ 360
重唇石斛 *Dendrobium hercoglossum* ······ 362
广东石斛 *Dendrobium kwangtungense* ······ 364
矩唇石斛 *Dendrobium linawianum* ······ 366
细茎石斛 *Dendrobium moniliforme* ······ 368
石斛 *Dendrobium nobile* ······ 370
黑毛石斛 *Dendrobium williamsonii* ······ 372
无耳沼兰 *Dienia ophrydis* ······ 374
蛇舌兰 *Diploprora championii* ······ 376
虎舌兰 *Epipogium roseum* ······ 378
半柱毛兰 *Eria corneri* ······ 380
天麻 *Gastrodia elata* ······ 382
折柱天麻 *Gastrodia flexistyla* ······ 384
北插天天麻 *Gastrodia peichatieniana* ······ 386
多叶斑叶兰 *Goodyera foliosa* ······ 388
光萼斑叶兰 *Goodyera henryi* ······ 390
斑叶兰 *Goodyera schlechtendaliana* ······ 392
绒叶斑叶兰 *Goodyera velutina* ······ 394
橙黄玉凤花 *Habenaria rhodocheila* ······ 396
镰翅羊耳蒜 *Liparis bootanensis* ······ 398
褐花羊耳蒜 *Liparis brunnea* ······ 400
小巧羊耳蒜 *Liparis delicatula* ······ 402
长苞羊耳蒜 *Liparis inaperta* ······ 404
见血青 *Liparis nervosa* ······ 406
扇唇羊耳蒜 *Liparis stricklandiana* ······ 408
小叶鸢尾兰 *Oberonia japonica* ······ 410
西南齿唇兰 *Odontochilus elwesii* ······ 412
东亚蝴蝶兰 *Phalaenopsis subparishii* ······ 414
石仙桃 *Pholidota chinensis* ······ 416
小舌唇兰 *Platanthera minor* ······ 420
白肋菱兰 *Rhomboda tokioi* ······ 422
苞舌兰 *Spathoglottis pubescens* ······ 424
心叶带唇兰 *Tainia cordifolia* ······ 426
带唇兰 *Tainia dunnii* ······ 428
大花带唇兰 *Tainia macrantha* ······ 430
长喙兰 *Tsaiorchis keiskeoides* ······ 432
宽叶线柱兰 *Zeuxine affinis* ······ 434
绿叶线柱兰 *Zeuxine agyokuana* ······ 436

附录　异形玉叶金花 ······ 438

中文名索引 ······ 439

拉丁名索引 ······ 442

石松类和蕨类植物
Lycophytes and Ferns

石松科 Lycopodiaceae

长柄石杉 蛇足石杉、千层塔

Huperzia javanica (Sw.) C. Y. Yang

保护等级	CITES 附录	IUCN 红色名录	极小种群物种	特有性
国家二级				

形态特征：多年生土生植物。茎直立或斜升，高 10 ～ 30 cm，中部直径 1.5 ～ 3.5 mm。枝连叶宽 1.5 ～ 4 cm，三至四回二叉分枝，枝上部常有芽孢。叶螺旋状排列，疏生，平展，狭椭圆形至倒披针形，向基部明显变窄，通直，长 1 ～ 3 cm，宽 3 ～ 8 mm，基部楔形或呈柄状，先端渐尖，边缘有粗齿，中脉两面凸起。叶片薄革质，两面光滑。孢子叶与不育叶同形；孢子囊生于叶腋，两端露出，肾形，黄色。

地理分布：广西、广东、湖北、湖南、海南、重庆、四川、贵州、云南、西藏、陕西、甘肃、青海、宁夏、新疆、台湾、香港、澳门等地。

生境特点：生于海拔 300 ～ 2000 m 的常绿阔叶林下、灌丛中或路旁。

资源现状：野生资源分布较广，但种群零散，种群数量少，资源量逐年递减。

濒危原因：过度采挖，生境遭到破坏、退化或丧失，植株生长缓慢，自然更新困难。

保护价值：药用价值较高，干燥全草可入药，具有舒筋活络、散瘀止痛等功效。现代医学研究表明，其含有的药用成分石杉碱甲可提高记忆力，对治疗阿尔茨海默病、重症肌无力等有显著效果。

保护措施：加强其生物学、遗传学、生态学等方面的研究，提高人工繁殖技术，加强就地保护；加大普法宣传力度，提高公众的保护意识。

石松科 Lycopodiaceae

南川石杉 南川石松

Huperzia nanchuanensis (Ching et H. S. Kung) Ching & H. S. Kung

保护等级	CITES 附录	IUCN 红色名录	极小种群物种	特有性
国家二级				中国特有

形态特征：多年生植物。茎直立或斜生，高 8 ～ 11 cm。三至五回二叉分枝，枝上部常有芽孢。叶螺旋状排列，线状披针形，密生，平直至略斜向上，前部向上弯，披针形，向基部不变狭，基部最宽（镰形弯曲），截形，下延，无柄，先端渐尖，边缘平直不皱曲，全缘，两面光滑，无光泽，中脉不明显，薄草质。孢子叶与不育叶同形，无成层现象；孢子囊生于孢子叶腋，两端露出，肾形，黄色。

地理分布：广西、湖南、湖北、重庆、贵州、云南等地。

生境特点：生于海拔 1300 m 以上的林下湿地或附生在树干上。

资源现状：分布范围狭窄，野生资源稀少，种群规模小，分布零星。

濒危原因：过度采挖。

保护价值：药用价值较高。现代医学研究表明，石杉属植物含有石杉碱甲等生物碱，在治疗阿尔茨海默病上效果显著。

保护措施：加强就地保护，开展资源本底调查评估及可持续利用研究；加大普法宣传力度，提高公众的保护意识。

石松科 Lycopodiaceae

南岭石杉

Huperzia nanlingensis Y. H. Yan & N. Shrestha

保护等级	CITES 附录	IUCN 红色名录	极小种群物种	特有性
国家二级				中国特有

形态特征：多年生植物，植株高 20～35 cm。茎直立。一至三回二叉分枝，基部匍匐，上部呈紫色。叶明显二型，营养叶椭圆状披针形，向上弯弓，革质，两面光滑，尖端和基部呈荧光绿色并略带紫色，有主脉，近轮生并分层，茎基部营养叶常脱落，顶端尖锐，基部楔形，有柄，叶片边缘锯齿状。孢子叶钻形，无柄，叶片边缘全缘或浅锯齿状；孢子囊生于孢子叶腋，肾形，穗状，螺旋状排列。

地理分布：广西、贵州、湖南、广东等地。

生境特点：生于阔叶林下荫蔽处。

资源现状：分布零星，资源稀少。

濒危原因：过度采挖，生境遭到破坏、退化或丧失，自然更新困难。

保护价值：药用价值较高。现代医学研究表明，石杉属植物含有石杉碱甲等生物碱，在治疗阿尔茨海默病上效果显著。

保护措施：加强就地保护，开展资源本底调查评估及可持续利用研究；加大普法宣传力度，提高公众的保护意识。

石松科 Lycopodiaceae

华南马尾杉 华南石杉

Phlegmariurus austrosinicus (Ching) Li Bing Zhang

保护等级	CITES 附录	IUCN 红色名录	极小种群物种	特有性
国家二级				中国特有

形态特征：附生蕨类。茎簇生，成熟枝下垂，二至多回二叉分枝，长 20 ～ 70 cm。叶螺旋状排列；营养叶平展或斜向上开展，椭圆形，长约 1.4 cm，植株中部叶片宽 2.5 ～ 4 mm，基部楔形，下延，有短柄，有光泽，顶端圆钝，全缘。孢子囊穗比不育部分略细瘦，顶生；孢子叶椭圆状披针形，排列稀疏，基部楔形，先端尖，中脉明显，全缘；孢子囊生于孢子叶腋，圆肾形，2 瓣开裂，黄色。

地理分布：广西、广东、福建、湖南、四川、重庆、云南等地。

生境特点：附生于海拔 500 ～ 1200 m 的林下树干或石壁上。

资源现状：野生资源分布广，但种群数量稀少，有急剧下降的趋势。

濒危原因：过度采挖，生境遭到破坏、退化或丧失，自然更新困难。

保护价值：药用价值较高，具有消肿止痛、祛风止血、清热解毒、止咳、生肌的功效。现代医学研究表明，其含有的药用成分石杉碱甲对真性胆碱酯酶有选择性抑制作用，可用于治疗阿尔茨海默病。

保护措施：加强就地保护，开展近地保护、资源本底调查评估及可持续利用研究；加大普法宣传力度，提高公众的保护意识。

石松科 Lycopodiaceae

金丝条马尾杉 马尾千金草

Phlegmariurus fargesii (Herter) Ching

保护等级	CITES 附录	IUCN 红色名录	极小种群物种	特有性
国家二级				

形态特征： 附生蕨类。茎簇生。成熟枝下垂，长 30 ～ 52 cm，枝连叶绳索状，侧枝等长。叶螺旋状排列，但扭曲呈二列状；营养叶密生，中上部的叶披针形，紧贴枝上，强度内弯，基部楔形，下延，无柄，有光泽，顶端渐尖，背面隆起，中脉不显，坚硬，全缘。孢子囊穗顶生；孢子叶卵形或披针形，基部楔形，先端具长短不等尖头，全缘；孢子囊生于孢子叶腋，露出孢子叶外，肾形，2 瓣开裂，黄色。

地理分布： 广西、重庆、四川、台湾、云南等地。

生境特点： 附生于海拔 200 ～ 1700 m 的林下树干上。

资源现状： 野生资源分布广，但种群数量稀少，有急剧下降的趋势。

濒危原因： 过度采挖，生境遭到破坏、退化或丧失，自然更新困难。

保护价值： 药用价值较高，具有祛风除湿、舒筋活络、消肿止痛的功效。现代医学研究表明，其含有的药用成分石杉碱甲可提高记忆力，在治疗阿尔茨海默病、重症肌无力等方面具有显著效果。

保护措施： 加强就地保护，开展近地保护、资源本底调查评估及可持续利用研究；加大普法宣传力度，提高公众的保护意识。

石松科 Lycopodiaceae

福氏马尾杉 石松柏

Phlegmariurus fordii (Baker) Ching

保护等级	CITES 附录	IUCN 红色名录	极小种群物种	特有性
国家二级				

形态特征: 附生蕨类。茎簇生，成熟枝下垂，一至多回二叉分枝，长 20 ～ 30 cm。叶螺旋状排列，但因基部扭曲而呈二列状；营养叶（至少植株近基部叶片）抱茎，椭圆状披针形，植株中部叶片宽小于 2 mm，基部圆楔形，下延，有明显的柄，有光泽，先端渐尖，全缘。孢子囊穗比不育部分细瘦，顶生；孢子叶披针形或椭圆形，中脉明显，全缘；孢子囊生于孢子叶腋，肾形，2 瓣开裂，黄色。

地理分布: 广西、广东、浙江、江西、湖南、四川、重庆、贵州、云南、福建、台湾、海南、香港等地。

生境特点: 附生于山谷林下树干或石壁上。

资源现状: 野生资源分布广，但种群数量稀少，有急剧下降的趋势。

濒危原因: 过度采挖，生境遭到破坏、退化或丧失，自然更新困难。

保护价值: 药用价值较高，具有祛风除湿、舒筋活络、消肿止痛的功效。现代医学研究表明，其含有的药用成分石杉碱甲对真性胆碱酯酶有选择性抑制作用，可用于治疗阿尔茨海默病。

保护措施: 加强就地保护，开展近地保护、资源本底调查评估及可持续利用研究；加大普法宣传力度，提高公众的保护意识。

石松科 Lycopodiaceae

有柄马尾杉

Phlegmariurus petiolatus (C. B. Clarke) H. S. Kung et Li Bing Zhang

保护等级	CITES 附录	IUCN 红色名录	极小种群物种	特有性
国家二级				

形态特征：附生蕨类。茎簇生，成熟枝下垂，二至多回二叉分枝，长 20 ～ 75 cm。叶螺旋状排列；营养叶平展或斜向上开展，椭圆状披针形，长约 1.2 cm，植株中部叶片宽小于 2 mm，基部楔形，下延，有明显的柄，有光泽，先端渐尖，全缘。孢子囊穗比不育部分略细瘦，顶生；孢子叶椭圆状披针形，排列稀疏，基部楔形，先端尖，中脉明显，全缘；孢子囊生于孢子叶腋，肾形，2 瓣开裂，黄色。

地理分布：广西、广东、湖南、四川、重庆、贵州、云南、福建、海南等地。

生境特点：附生于海拔 500 ～ 1200 m 的林下树干或石壁上。

资源现状：野生资源分布广，但种群数量稀少，有急剧下降的趋势。

濒危原因：过度采挖，生境遭到破坏、退化或丧失，自然更新困难。

保护价值：药用价值较高，具有渗湿利水、舒筋活络、消肿止痛的功效。现代医学研究表明，其含有的药用成分石杉碱甲可提高记忆力，在治疗阿尔茨海默病、重症肌无力等方面具有显著效果。

保护措施：加强就地保护，开展近地保护、资源本底调查评估及可持续利用研究；加大普法宣传力度，提高公众的保护意识。

合囊蕨科 Marattiaceae

福建观音座莲 马蹄蕨

Angiopteris fokiensis Hieron.

保护等级	CITES 附录	IUCN 红色名录	极小种群物种	特有性
国家二级				

形态特征：根状茎肥大肉质。叶簇生；叶柄腹面有粗大瘤状突起，下部有线状披针形鳞片；叶片宽倒卵形，先端渐尖，二回羽状；羽片 6 ～ 10 对，柄长 2 ～ 3 cm；小羽片 20 ～ 30 对，互生，略斜向上，柄极短，线状披针形，先端长渐尖至尾状，边缘有小尖齿；叶片纸质，无毛；叶脉两侧平坦，羽状，侧脉单一或二叉状，无或偶有倒行假脉。孢子囊群长圆形，有 10 ～ 15 个孢子囊，在侧脉前端靠近小羽片边缘排成一行。

地理分布：广西、福建、广东、海南、浙江、江西、湖南、湖北、四川、重庆、贵州、云南等地。

生境特点：生于林下或沟谷边阴湿处。

资源现状：野生资源分布较广，资源量较丰富，但种群数量有下降趋势。

濒危原因：过度采挖，生境遭到破坏、退化或丧失。

保护价值：根状茎可入药，具有清热凉血、化瘀止血、镇痛安神的功效。拳卷状的嫩芽、嫩叶柄可食用；根状茎富含淀粉，可提取淀粉制作蕨粉或酿酒。亦具有较高的观赏价值。

保护措施：加强就地保护，开展近地保护；加大普法宣传力度，提高公众的保护意识。

金毛狗科 Cibotiaceae

金毛狗 金毛狗脊

Cibotium barometz (L.) J. Sm.

保护等级	CITES 附录	IUCN 红色名录	极小种群物种	特有性
国家二级	附录 II			

形态特征： 根状茎横卧，密生棕黄色节状长毛。叶密生，叶柄长 1 ～ 1.2 m；叶片宽卵形，基部圆楔渐尖头，三回羽状深裂；羽片 10 ～ 15 对，互生，略斜向，有柄，狭矩圆卵形，二回羽状深裂；小羽片 18 ～ 24 对，互生，略斜向上，有短柄，线状披针形，羽状深裂；裂片 23 ～ 25 对，略斜向上，狭矩圆形，边缘有钝齿，裂片具羽状脉，侧脉分叉。孢子囊群位于裂片下部边缘，生在小脉顶端；囊群盖二瓣状，长圆形。

地理分布： 广西、广东、海南、香港、澳门、河南、浙江、江西、湖南、湖北、四川、重庆、贵州、云南、西藏、福建、台湾等地。

生境特点： 生于疏林下、灌丛中或沟谷溪边。

资源现状： 野生资源分布较广，资源量较丰富，但种群数量有下降趋势。

濒危原因： 过度采挖，生境遭到破坏。

保护价值： 干燥根状茎可入药，即《中华人民共和国药典（2020 年版）》所收载的“狗脊”，具有补肝肾、强腰膝、祛风湿的功效；根状茎上的黄毛在民间可用于止外伤出血，也可作填充物；酸性土指示植物；亦可作为观赏植物。

保护措施： 加强就地保护，开展迁地保护、引种驯化及人工繁殖栽培。

桫椤科 Cyatheaceae

粗齿桫椤 齿牙黑桫椤

Alsophila denticulata Baker

保护等级	CITES 附录	IUCN 红色名录	极小种群物种	特有性
	附录 II	VU		

形态特征：根状茎粗壮，横卧，密生披针形淡棕色鳞片。叶密生；叶柄深棕色，有光泽，腹面扁平有粗毛，基部有鳞片；叶轴及羽轴深棕色，腹面有粗毛；叶片椭圆形；羽片约12对，卵状椭圆形，二回羽裂，下部的较大；二回羽片10～12对，互生，柄极短，羽状深裂；裂片8～10对，矩圆形，圆头，边缘有小齿；裂片具羽状脉，侧脉不分叉。孢子囊群圆形，生于侧脉背面隆起的囊托上，无囊群盖。

地理分布：广西、广东、福建、台湾、浙江、江西、湖南、四川、重庆、贵州、云南等地。

生境特点：生于海拔300～1100 m的林下或灌丛中。

资源现状：野生资源较少，分布零星，种群数量有下降趋势。

濒危原因：生境遭到破坏而丧失，过度采挖，自然更新能力较差。

保护价值：古老孑遗的树蕨类植物，具有极其重要的科研价值；植株形态优美，具有很高的观赏价值。

保护措施：加强就地保护，开展近地保护和迁地保护，加大资源本底调查力度；加强宣传教育，提高公众的保护意识。

桫椤科 Cyatheaceae

桫椤 龙骨风、树蕨

Alsophila spinulosa (Wall. ex Hook.) R. M. Tryon

保护等级	CITES 附录	IUCN 红色名录	极小种群物种	特有性
国家二级	附录 II	VU		

形态特征：植株高 3 ～ 5 m，茎干高 1 ～ 4 m。叶丛生于茎顶，呈树冠状；叶柄禾秆色至浅棕色，连同叶轴下部密生短刺，基部生棕色线状披针形的鳞片；叶片椭圆形，基部圆楔形，渐尖头，三回羽裂；羽片 12 ～ 16 对；二回羽片 16 ～ 18 对，线状披针形，基部圆楔形，长渐尖头，羽状深裂，裂片 15 ～ 20 对，钝头，边缘略有钝齿，背面有小鳞片；裂片具羽状脉，侧脉分叉。孢子囊群圆球形，生于侧脉分叉处隆起的囊托上；囊群盖球形，顶端开裂。

地理分布：广西、广东、海南、香港、江西、湖南、四川、重庆、贵州、云南、西藏、福建、台湾等地。

生境特点：生于海拔 200 ～ 1400 m 的沟谷林下、山坡或田埂边。

资源现状：分布范围较广，但种群分布零星，种群数量极少，野生资源量有持续下降的趋势。

濒危原因：生境遭到破坏而丧失，过度采挖，自然更新能力较差。

保护价值：古老孑遗的树蕨类植物，既有十分重要的科研和药用价值，又有极高的观赏和食用价值。茎可入药，在中药里被称为“龙骨风”，有祛风湿、强筋骨、清热止咳等功效；树干高大挺拔，羽状复叶形如巨伞，具有一定的观赏价值；嫩芽、嫩叶、嫩茎和髓等均可食用。

保护措施：加强就地保护，开展近地保护和迁地保护；加强科学研究，进行人工繁育；加强宣传教育，增强公众的保护意识。

桫椤科 Cyatheaceae

平鳞黑桫椤

Gymnosphaera henryi (Baker) S. R. Ghosh

保护等级	CITES 附录	IUCN 红色名录	极小种群物种	特有性
国家二级				

形态特征： 主干高可达 3.5 m。叶柄栗色或乌木色，光亮，无刺或基部少有短刺，两侧通常密被平展的棕色披针形鳞片，鳞片边缘多少呈啮蚀状。叶片椭圆形，二回羽状；羽片无柄，中部以下的对生；小羽片无柄或略具短柄，线状披针形，羽状深裂，小羽轴近轴面密被棕色短毛，远轴面有棕色小鳞片，裂片边缘有浅圆齿或尖齿；叶脉分离，侧脉 6 ～ 10 对，单一，稀分叉。孢子囊群球形，着生于小脉中部，无囊群盖。

地理分布： 广西、广东、云南、海南等地。

生境特点： 生于海拔 1500 m 以下的山谷林下或林缘沟边。

资源现状： 野生资源较少，分布零星，种群数量有下降的趋势。

濒危原因： 生境遭到破坏而丧失，过度采挖，自然更新能力较差。

保护价值： 古老孑遗的树蕨类植物，具有极其重要的科研价值；植株形态优美，具有很高的观赏价值。

保护措施： 加强就地保护，开展近地保护和迁地保护，加大资源本底调查力度；加强宣传教育，提高公众的保护意识。

桫椤科 Cyatheaceae

黑桫椤 结脉黑桫椤

Gymnosphaera podophylla (Hook.) Copel.

保护等级	CITES 附录	IUCN 红色名录	极小种群物种	特有性
国家二级		VU		

形态特征： 植株有或无主干。叶柄紫红色，稍光亮，粗糙或略有小尖刺，被黑色披针形长鳞片；叶片一回至二回羽状；羽片互生，斜展，先端长渐尖，边缘有浅锯齿；小羽片约 20 对，互生，近平展，线状披针形，先端尾状渐尖；边缘有疏齿或波状圆齿；叶脉两面隆起，小脉 3 ～ 4 对，基部 1 对小脉（有时下部同侧两对）往往靠拢或联结；叶两面均无毛。孢子囊群着生于小脉近基部；无囊群盖和隔丝。

地理分布： 广西、广东、海南、香港、贵州、云南、福建、台湾等地。

生境特点： 生于海拔 100 ～ 1400 m 的林下或灌丛中。

资源现状： 分布点少，分布零星，野生资源较少，种群数量有下降的趋势。

濒危原因： 生境遭到破坏而丧失，过度采挖，自然更新能力较差。

保护价值： 古老孑遗的树蕨类植物，具有极其重要的科研价值；植株形态优美，具有很高的观赏价值。

保护措施： 加强就地保护，开展近地保护和迁地保护，加大资源本底调查力度；加强宣传教育，提高公众的保护意识。

凤尾蕨科 Pteridaceae

水蕨

Ceratopteris thalictroides (L.) Brongn.

保护等级	CITES 附录	IUCN 红色名录	极小种群物种	特有性
国家二级		VU		

形态特征：植株幼嫩时呈绿色，多汁柔软。叶簇生，二型；不育叶的柄圆柱形，肉质，光滑无毛，干后扁；叶片直立或幼时漂浮，二至四回羽状深裂，裂片 5 ～ 8 对，互生，下部 1 ～ 2 对羽片较大；小裂片 2 ～ 5 对，互生，有短柄，两侧有狭翅，下延于羽轴，深裂。能育叶的羽片 3 ～ 8 对，互生，具柄；裂片狭线形，渐尖头，角果状，强度反卷达于主脉，好像假囊群盖。孢子囊沿能育叶的裂片主脉两侧的网眼着生。

地理分布：广西、广东、山东、安徽、江苏、上海、浙江、江西、湖北、四川、贵州、云南、福建、台湾、海南、香港、澳门等地。

生境特点：生于池沼、水田或水沟的淤泥中。

资源现状：分布范围较广，但野生资源较少，天然种群数量有下降的趋势。

濒危原因：过度采挖，生境遭到破坏、退化或丧失。

保护价值：全草、茎叶可入药，具有清热解毒、活血祛瘀、利尿、止血、止痛、止痢等功效；嫩叶可作蔬菜食用。

保护措施：加强就地保护，加大野生资源本底调查及监测力度；加强宣传教育，增强公众的保护意识。

凤尾蕨科 Pteridaceae

三叉凤尾蕨

Pteris tripartita Sw.

保护等级	CITES 附录	IUCN 红色名录	极小种群物种	特有性
		EN		

形态特征：根状茎先端及叶柄基部被灰褐色鳞片。叶簇生；叶片阔卵形，三至四回深羽裂，自叶柄顶端分为 3 枝；小羽片 20 ～ 30 对，互生或近对生，基部及顶部的小羽片稍缩短，中部的小羽片披针形，先端具长 3 ～ 4 cm 的披针形尖尾，基部圆截形，篦齿状深羽裂达到小羽轴两侧的阔翅；裂片 14 ～ 25 对，互生，镰刀状披针形，不育边缘有浅圆齿；小羽轴禾秆色，无毛，上面有浅纵沟，沟两旁有短扁刺；叶近无毛。

地理分布：广西、广东、湖南、台湾、海南等地。

生境特点：生于沟谷林下阴处。

资源现状：分布零星，种群数量较少，野生资源量有持续下降的趋势。

濒危原因：生境遭到破坏、退化或丧失，自然更新能力较差。

保护价值：株形优美，极具观赏性，适合园林栽培或用于家居美化。

保护措施：加强就地保护，开展近地保护和迁地保护，加大野生资源本底调查及监测力度。

铁角蕨科 Aspleniaceae

黑边铁角蕨 小叶铁角蕨

Asplenium speluncae Christ

保护等级	CITES 附录	IUCN 红色名录	极小种群物种	特有性
		EN		中国特有

形态特征：根状茎短而直立，先端密被鳞片；鳞片披针形，褐黑色，有虹色光泽，边缘全缘。单叶，簇生成莲座状；叶柄紫黑色，光亮；叶片椭圆形，钝头，边缘呈浅波状，饰有 1 条极狭的黑边；主脉背面黑色、光亮，腹面不明显，与叶片同色，小脉二叉，偶有 3 ~ 4 叉，不达叶边。孢子囊群椭圆形，位于主脉与叶边之间；囊群盖线状椭圆形，边缘全缘且有 1 条纤细的紫色狭边，或沿叶脉着生处也有同样的紫色狭边。

地理分布：广西、广东、贵州、江西、湖南等地。

生境特点：生于海拔 300 ~ 1100 m 的山谷石壁上。

资源现状：分布零星，种群数量较少，野生资源量有持续下降趋势。

濒危原因：生境遭到破坏、退化或丧失，自然更新能力较差。

保护价值：我国特有植物，具有重要的战略意义。

保护措施：加强就地保护，加大野生资源本底调查及监测力度。

乌毛蕨科 Blechnaceae

苏铁蕨

Brainea insignis (Hook.) J. Sm.

保护等级	CITES 附录	IUCN 红色名录	极小种群物种	特有性
国家二级		VU		

形态特征： 植株高达 1.5 m。根状茎粗短，有圆柱状主轴，密生红棕色长钻形鳞片。叶簇生于主轴的顶部；叶柄棕禾秆色，坚硬，光滑或下部略显粗糙；叶片椭圆披针形，一回羽状；羽片 30 ～ 50 对，对生或互生，近无柄，边缘有细密的锯齿；能育叶与不育叶同形；叶脉沿主脉两侧各有 1 行三角形或多角形网眼，网眼外的小脉分离，单一或一至二回分叉。孢子囊群初沿网脉生，后向外布满叶脉，无囊群盖。

地理分布： 广西、广东、贵州、云南、福建、台湾、海南、澳门等地。

生境特点： 生于海拔 300 ～ 900 m 的林下、灌丛中或崖壁上。

资源现状： 分布零星，种群数量较少，野生资源量有持续下降的趋势。

濒危原因： 生境遭到破坏、退化或丧失。

保护价值： 单种属植物，对研究古植物区系及蕨类植物的起源和演化具有重要价值；树形优美似苏铁，有较高的观赏价值；根状茎可代中药材“贯众”入药，具有清热解毒、凉血止血、杀虫等功效。

保护措施： 加强就地保护，开展近地保护，加大野生资源本底调查及监测力度；加强宣传教育，增强公众的保护意识。

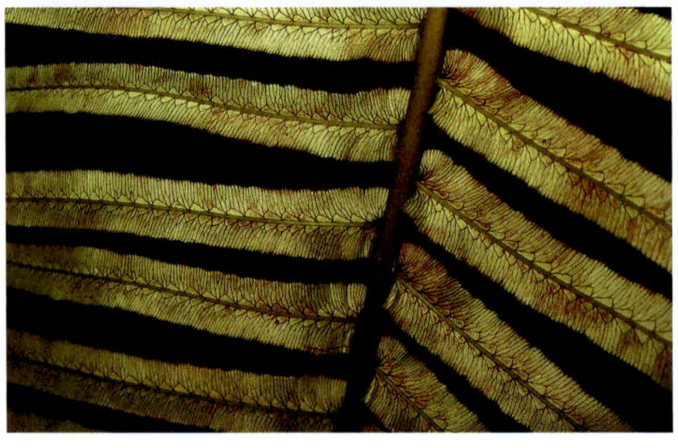

鳞毛蕨科 Dryopteridaceae

粗齿黔蕨

Arachniodes blinii (H. Léveillé) T. Nakaike

保护等级	CITES 附录	IUCN 红色名录	极小种群物种	特有性
				中国特有

形态特征： 根状茎长，横走，连同叶轴密被褐色、线形鳞片。叶近生，叶柄禾秆色；叶片一回羽状；顶生羽片长卵形，先端尖，基部羽裂深达 1/2；侧生羽片 9 对，基部 1 对对生，向上的互生，渐尖头并略呈尾状，基部不对称，楔形，边缘具疏浅裂，裂片先端有 1 ～ 2 个短尖齿；叶两面光滑；叶轴和主脉背面疏被棕色、线形小鳞片。孢子囊群圆形，生于小脉顶端，在主脉两侧各排成 2 行，囊群盖圆肾形。

地理分布： 广西、广东、江西、湖南、重庆、贵州等地。

生境特点： 生于山谷溪旁阴湿处。

资源现状： 分布范围较广，野生资源较丰富，但种群数量有下降的趋势。

濒危原因： 生境遭到破坏、退化或丧失。

保护价值： 我国特有植物，具有重要的战略意义；根状茎可入药，可用于治疗腰痛、瘰疬。

保护措施： 加强就地保护，加大野生资源本底调查及监测力度。

鳞毛蕨科 Dryopteridaceae

圆叶舌蕨

Elaphoglossum sinii C. Chr.

保护等级	CITES 附录	IUCN 红色名录	极小种群物种	特有性
				中国特有

形态特征：根状茎长而横走，单一或分枝，密被鳞片；鳞片基部圆形，以腹部盾状着生，边缘近全缘或略有睫毛，深棕色。叶远生，二形；不育叶的叶柄长 2 ~ 8 cm，棕禾秆色，基部密被与根状茎上同样的鳞片，向上疏被同样的鳞片及棕色或褐色的卵形小鳞片，叶片圆头，基部圆楔形，沿叶柄下延，边缘全缘，有软骨质的狭边，两面疏被棕色或褐色的星芒状小鳞片；能育叶的叶柄较长，长 5 ~ 10 cm，孢子囊满布于能育叶的背面。

地理分布：广西、广东、云南等地。

生境特点：生于潮湿岩石上或树干上。

资源现状：分布零星，种群数量较少，野生资源量有持续下降的趋势。

濒危原因：生境遭到破坏、退化或丧失。

保护价值：我国特有植物，具有重要的战略意义。

保护措施：加强就地保护，加大野生资源本底调查及监测力度。

水龙骨科 Polypodiaceae

槲蕨

Drynaria roosii Nakaike

保护等级	CITES 附录	IUCN 红色名录	极小种群物种	特有性
广西重点				

形态特征：根状茎密生钻状披针形边缘有睫毛的鳞片；鳞片斜升，盾状着生，边缘有齿。叶二型，基生不育叶卵形，无柄，基部心形，浅裂至叶片宽度的 1/3，边缘全缘，背面有疏短毛；正常能育叶无毛，叶柄具明显的狭翅；叶片深羽裂到距叶轴 2 ～ 5 mm 处，裂片 7 ～ 13 对，互生，边缘有不明显的疏钝齿。孢子囊群圆形，生于内藏小脉的交叉点，在主脉两侧各有 2 ～ 3 行，无囊群盖。

地理分布：广西、广东、海南、青海、安徽、江苏、浙江、江西、湖南、湖北、四川、重庆、贵州、云南、福建、台湾等地。

生境特点：附生于林下树干或石上。

资源现状：分布范围较广，野生资源较丰富，但种群数量有下降的趋势。

濒危原因：生境遭到破坏、退化或丧失，过度采挖。

保护价值：根状茎可入药，即中药材“骨碎补”，具有补肾、接骨、活血散瘀的功效，亦可用来提取淀粉或酿酒。

保护措施：加强就地保护，加大野生资源本底调查及监测力度；加强宣传教育，增强公众的保护意识。

水龙骨科 Polypodiaceae

瑶山瓦韦

Lepisorus kuchenensis (Y. C. Wu) Ching

保护等级	CITES 附录	IUCN 红色名录	极小种群物种	特有性
				中国特有

形态特征： 根状茎长而横走，粗壮，密被紧贴的鳞片；鳞片披针形或近长卵形，淡棕色，粗筛孔状，边缘呈波状至粗长刺。叶远生；叶柄长 3 ～ 10 cm ；叶片阔披针形，中部或近下部 1/3 处为最宽，有时具有细长的顶端，向基部渐变狭或突然狭缩并下延，边缘平直或略呈波状；主脉两面均隆起，小脉明显可见。孢子囊群圆形或椭圆形，位于主脉和叶边之间，幼时被隔丝覆盖；隔丝圆形，网眼大，棕色。

地理分布： 广西、贵州、云南、台湾等地。

生境特点： 附生于林下树干或湿岩壁上。

资源现状： 分布零星，种群数量较少，野生资源量有持续下降的趋势。

濒危原因： 生境遭到破坏、退化或丧失。

保护价值： 我国特有植物，具有重要的战略意义；从瓦韦属植物中分离得到的黄酮类化合物具有降压、抗菌、保肝等多种药理作用。

保护措施： 加强就地保护，加大野生资源本底调查及监测力度。

裸子植物 Gymnosperms

松科 Pinaceae

银杉

Cathaya argyrophylla Chun et Kuang

保护等级	CITES 附录	IUCN 红色名录	极小种群物种	特有性
国家一级		EN	√	中国特有

形态特征：乔木。树皮暗灰色，老时则裂成不规则的薄片。一年生枝黄褐色，密被灰黄色短柔毛，后渐脱落。叶片条形，多呈镰状弯曲或直，叶面深绿色，被疏柔毛；叶螺旋状着生成辐射伸展，疏散生长，长 4 ～ 6 cm，侧生小枝的节间较密。雄球花位于内部的苞片较大，阔卵形，外部的苞片多为三角状扁圆形；雌球花基部无苞片。球果成熟时暗褐色，种鳞 13 ～ 16 枚；苞鳞长达种鳞的 1/4 ～ 1/3。花期 5 月，果期 10 月。

地理分布：广西、湖南、重庆、贵州等地。

生境特点：生于海拔 950 ～ 1460 m 的山脊或山坡的针阔叶混交林中。

资源现状：分布零星，天然种群数量持续下降，资源量非常稀少。

濒危原因：生境遭到破坏、退化或丧失，天然种群更新困难。

保护价值：我国特有的孑遗植物，有“植物界大熊猫”“活化石”之称，具有重要的科研价值和园林应用价值。

保护措施：加强就地保护，开展种群生态学、生殖生态学、遗传多样性等方面的研究，提高人工扩繁技术，实施迁地保护；加强宣传教育，提高公众的保护意识。

松科 Pinaceae

江南油杉

Keteleeria fortunei var. *cyclolepis* (Flous) Silba

保护等级	CITES 附录	IUCN 红色名录	极小种群物种	特有性
国家二级				中国特有

形态特征：乔木。树皮灰褐色，不规则纵裂。一年生枝干后呈红褐色、褐色或淡紫褐色。叶条形，稀沿中脉两侧每边有 1 ～ 5 条粉白色气孔线，或仅先端或中上部有少数气孔线，背面沿中脉两侧每边有 10 ～ 20 条气孔线，被白粉或白粉不明显。球果圆柱形或椭圆状圆柱形，顶端或上部渐窄，中部的种鳞常呈斜方形或斜方状圆形，稀近圆形或上部宽圆，宽与长近相等；种翅中部或中下部较宽。球果 10 月成熟。

地理分布：广西、广东、江西、浙江、湖南、贵州、云南等地。

生境特点：生于山地林中。

资源现状：分布范围较广，分布零星，天然种群数量有下降的趋势。

濒危原因：气候变化，生境遭到破坏、退化或丧失，天然种群更新困难。

保护价值：我国特有的优良用材和绿化观赏树种，具有重要的战略意义；树皮可入药，具有透疹、消肿、接骨的功效。

保护措施：加强就地保护，加大野生资源本底调查及监测力度，开展人工扩繁栽培；加强宣传教育，增强公众的保护意识。

松科 Pinaceae

长苞铁杉

Nothotsuga longibracteata (W. C. Cheng) Hu ex C. N. Page

保护等级	CITES 附录	IUCN 红色名录	极小种群物种	特有性
广西重点		VU		中国特有

形态特征：乔木。一年生小枝干后淡褐黄色或红褐色，无毛。叶辐射伸展，先端尖或微钝，两面均有气孔线，腹面平，背面中脉隆起，脉脊有凹槽。雌球花苞鳞大于珠鳞。球果直立，圆柱形；种鳞近斜方形，先端宽圆，中上部两侧凸出，中部急缩，基部两侧耳形，背部露出部分无毛；苞鳞长匙形，边缘有细齿，先端尖，微露出；种子下面有数枚油点，种翅长于种子。花期 3～4 月，球果 10 月成熟。

地理分布：广西、广东、江西、湖南、贵州、福建等地。

生境特点：生于山地林中。

资源现状：分布范围较广，分布零星，天然种群数量有下降的趋势。

濒危原因：气候变化，生境遭到破坏、退化或丧失，天然种群更新困难。

保护价值：我国特有的珍贵用材、园林观赏和造林树种，具有重要的战略意义；古老孑遗的“活化石”，对研究裸子植物系统发育、古生态和古气候具有重要意义；树皮可入药，用于接骨。

保护措施：加强就地保护，加大野生资源本底调查及监测力度，开展人工扩繁栽培；加强宣传教育，增强公众的保护意识。

松科 Pinaceae

华南五针松　广东松

Pinus kwangtungensis Chun et Tsiang

保护等级	CITES 附录	IUCN 红色名录	极小种群物种	特有性
国家二级				

形态特征：乔木。小枝无毛，一年生枝淡褐色，老枝淡灰褐色或淡黄褐色。针叶 5 针一束，长 3.5 ～ 7 cm，仅腹面每侧有 4 ～ 5 条白色气孔线；横切面皮下层由单层细胞组成，树脂道 2 ～ 3 个，背面 2 个边生，有时腹面 1 个中生或无。球果柱状矩圆形或圆柱状卵形，通常单生，成熟时淡红褐色，微具树脂；种鳞长 2.5 ～ 3.5 cm，宽 1.5 ～ 2.3 cm，鳞盾菱形；种子长 8 ～ 12 mm，连同种翅与种鳞近等长。花期 4 ～ 5 月，球果翌年 10 月成熟。

地理分布：广西、广东、贵州、海南、湖南等地。

生境特点：生于针阔叶混交林中多岩石的山坡与山脊上。

资源现状：分布范围较广，分布零星，天然种群数量急剧下降，资源量稀少。

濒危原因：气候环境变化和人为干扰使其生境遭到破坏、退化或丧失。

保护价值：对研究松属植物的地理分布和系统分类具有重要价值，也具有重要的经济意义。

保护措施：加强就地保护，实施迁地保护；开展种群生态学、生殖生态学、遗传多样性等方面的研究，提高人工扩繁技术；加强宣传教育，提高公众的保护意识。

松科 Pinaceae

台湾松 大明山松、黄山松

Pinus taiwanensis Hayata

保护等级	CITES 附录	IUCN 红色名录	极小种群物种	特有性
广西重点				中国特有

形态特征：乔木。树皮深灰褐色，裂成不规则鳞状厚块片或薄片。一年生枝淡黄褐色或暗红褐色，无毛，不被白粉。针叶 2 针一束，边缘有细锯齿，两面有气孔线；树脂道 3 ～ 7（～ 9）个，中生，叶鞘宿存。雄球花圆柱形，淡红褐色，聚生于新枝下部呈短穗状。球果卵圆形，几乎无梗，向下弯垂；中部种鳞近矩圆形，鳞盾近扁菱形，横脊显著，鳞脐具短刺；种子倒卵状椭圆形。花期 4 ～ 5 月，球果翌年 10 月成熟。

地理分布：广西、台湾、福建、浙江、安徽、江西、贵州、湖南、湖北、河南等地。

生境特点：生于山地林中。

资源现状：分布范围广，分布零星，天然种群数量有下降的趋势。

濒危原因：气候变化，生境遭到破坏、退化或丧失，天然种群更新困难。

保护价值：我国特有树种，可作建筑、器具、板材及木纤维工业原料等用材。树干可割树脂，是集经济价值、生态价值和观赏价值于一体的珍稀树种。

保护措施：加强就地保护，加大野生资源本底调查及监测力度，开展人工扩繁栽培；加强宣传教育，增强公众的保护意识。

松科 Pinaceae

铁杉

Tsuga chinensis (Franch.) E. Pritz.

保护等级	CITES 附录	IUCN 红色名录	极小种群物种	特有性
广西重点				中国特有

形态特征：乔木。树皮暗深灰色，纵裂，成块状脱落。叶条形，排列成两列，先端钝圆有凹缺，腹面光绿色，中脉隆起无凹槽，气孔带灰绿色，边缘全缘（幼树叶的中上部边缘常有细锯齿），背面初有白粉，老则脱落。球果卵圆形或长卵圆形，长 1.5 ～ 2.5 cm，具短梗；种鳞鳞背露出部分和边缘无毛，有光泽；苞鳞上部边缘有细缺齿，先端二裂；种子下表面有油点，种翅上部较窄。花期 4 月，球果 10 月成熟。

地理分布：广西、广东、河南、陕西、甘肃、安徽、江西、浙江、湖南、湖北、四川、贵州、云南、西藏、福建、台湾等地。

生境特点：生于山地林中。

资源现状：分布范围较广，分布零星，天然种群数量有下降趋势。

濒危原因：气候变化，生境遭到破坏、退化或丧失，天然种群更新困难。

保护价值：我国特有的珍贵用材、园林观赏和造林树种，具有重要的战略意义；古老孑遗的“活化石”，对研究裸子植物系统发育、古生态和古气候具有重要意义；木材可作建筑、飞机、家具、器具及木纤维工业原料等用材。

保护措施：加强就地保护，加大野生资源本底调查及监测力度，开展人工扩繁栽培；加强宣传教育，增强公众的保护意识。

柏科 Cupressaceae

福建柏 建柏

Fokienia hodginsii (Dunn) A. Henry & H. H. Thomas

保护等级	CITES 附录	IUCN 红色名录	极小种群物种	特有性
国家二级		VU		

形态特征：乔木。树皮紫褐色。生于幼树或萌芽枝上的中央的鳞叶呈楔状倒披针形，两侧鳞叶对折，近长椭圆形，背有棱脊，先端渐尖或微急尖，背侧面具一凹陷的白色气孔带；生于成龄树上的鳞叶较小，先端稍内曲，较中央的叶稍长或近于等长。球果成熟时褐色；种鳞顶部表面皱缩稍凹陷，中间有一小尖头突起；种子具 3 ～ 4 棱，大翅近卵形，长约 5 mm，小翅长约 1.5 mm。花期 3 ～ 4 月，球果翌年 10 ～ 11 月成熟。

地理分布：广西、广东、江西、浙江、湖南、四川、贵州、云南、福建等地。

生境特点：生于海拔 700 ～ 1850 m 的山地林中。

资源现状：分布范围广，种群个体数量少，多散生于林中，天然种群数量有下降的趋势。

濒危原因：气候变化，生境遭到破坏、退化或丧失，天然种群更新困难。

保护价值：单属种植物，在柏科的系统发育研究中有较大的科学价值；材质优良，树形优美，是集经济价值、药用价值、生态价值和观赏价值于一体的珍稀树种。

保护措施：加强就地保护，科学开展近地保护与迁地保护，加大野生资源本底调查及监测力度，开展人工扩繁栽培；加强宣传教育，增强公众的保护意识。

罗汉松科 Podocarpaceae

鸡毛松 岭南罗汉松

Dacrycarpus imbricatus (Blume) de Laub.

保护等级	CITES 附录	IUCN 红色名录	极小种群物种	特有性
广西重点		VU		

形态特征： 乔木。树干通直，树皮灰褐色。枝条开展或下垂。叶螺旋状排列，先端向上弯曲，具急尖的小尖头，异型，幼树、萌生枝或营养枝顶端的叶线形，扁平，薄而柔软，排成二列，形似鸡毛；老枝及结子枝的叶鳞形或钻形，覆瓦状排列。雄球花长约 1 cm，单生于枝顶；雌球花单生或成对生于枝顶，通常仅 1 个发育。种子球形，单生，稀双生，成熟时假种皮红色。花期 4 月，种子 10 月成熟。

地理分布： 广西、云南、海南等地。

生境特点： 生于海拔 300 ～ 1000 m 的山地林中。

资源现状： 分布范围较广，种群个体数量少，天然种群数量有下降的趋势。

濒危原因： 过度砍伐，天然种群更新困难。

保护价值： 高大通直，材质优良；树姿挺拔优美，叶色亮绿，枝叶茂密，为庭院绿化的优良树种；在涵养水源、保持水土方面也具有重要作用。

保护措施： 加强就地保护，科学开展近地保护与迁地保护，加大野生资源本底调查及监测力度；加强宣传教育，增强公众的保护意识。

罗汉松科 Podocarpaceae

百日青 脉叶罗汉松、竹叶松

Podocarpus neriifolius D. Don

保护等级	CITES 附录	IUCN 红色名录	极小种群物种	特有性
国家二级		VU		

形态特征： 乔木。树皮灰褐色，薄纤维质，成片状纵裂。枝条开展或斜展。叶螺旋状着生，披针形，厚革质，常微弯，上部渐窄，先端有渐尖的长尖头，萌生枝上的叶稍宽、有短尖头，基部楔形，有短柄，腹面中脉隆起，背面微隆起或近平。雄球花穗状，单生或 2 ～ 3 个簇生，总梗较短，基部有多数螺旋状排列的苞片。种子卵圆形，成熟时肉质假种皮紫红色，种托肉质橙红色。花期 5 月，种子 10 ～ 11 月成熟。

地理分布： 广西、江西、湖南、贵州、福建、广东等地。

生境特点： 生于海拔 400 ～ 1000 m 的山地林中。

资源现状： 分布范围较广，分布零星，种群个体数量少，天然种群数量有下降的趋势。

濒危原因： 过度采挖和砍伐，生境遭到破坏、退化或丧失，天然种群更新困难。

保护价值： 树形优美，枝繁叶茂，四季常青，成熟种子外形奇特，是优良的庭园观赏树种。极好的药用树种，根可入药，用于治疗水肿；枝、叶可入药，用于治疗骨折、骨质增生、关节肿痛、风湿症、痧症等；果实可入药，具有益气补中的功效。

保护措施： 加强就地保护，科学开展近地保护与迁地保护，加大野生资源本底调查及监测力度；加强宣传教育，增强公众的保护意识。

罗汉松科 Podocarpaceae

小叶罗汉松

Podocarpus wangii C. C. Chang

保护等级	CITES 附录	IUCN 红色名录	极小种群物种	特有性
国家二级		EN		

形态特征：乔木。树皮不规则纵裂。枝条密生，小枝向上伸展，无毛，有棱状隆起的叶枕。叶常密生于枝的上部，窄椭圆形、窄矩圆形或披针状椭圆形，腹面有光泽，中脉隆起，背面中脉微隆起，伸至叶尖，边缘微向下卷曲，叶柄极短。雄球花穗状，单生或 2 ～ 3 个簇生于叶腋，近于无梗，基部苞片约 6 枚；雌球花单生于叶腋，具短梗。种子椭圆状球形或卵圆形，先端钝圆，有突起的小尖头。种子 10 月成熟。

地理分布：广西、广东、云南、海南等地。

生境特点：生于山地林中。

资源现状：分布范围较广，分布零星，种群个体数量少，天然种群数量急剧下降。

濒危原因：过度采挖和砍伐，生境遭到破坏、退化或丧失，天然种群更新困难。

保护价值：树形优美，四季常青，是优良的庭院观赏树种，也是极好的材用树种。

保护措施：加强就地保护，科学开展近地保护与迁地保护，加大野生资源本底调查及监测力度；加强宣传教育，增强公众的保护意识。

红豆杉科 Taxaceae

穗花杉 喜杉、老鼠杉

Amentotaxus argotaenia (Hance) Pilg.

保护等级	CITES 附录	IUCN 红色名录	极小种群物种	特有性
国家二级				

形态特征：灌木或小乔木。树皮灰褐色或淡红褐色。一年生枝绿色，二、三年生枝绿黄色、黄色或淡黄红色。叶线状披针形，直或微弯镰状，先端尖或钝，基部楔形或宽楔形，背面白色气孔带与绿色边带等宽或较窄；萌生枝的叶较长，镰状，先端有渐尖的长尖头，气孔带较绿色边带窄。雄球花穗 1 ～ 3 个。种子椭圆形，成熟时假种皮鲜红色，顶端有小尖头露出，扁四棱形。花期 4 月，种子 10 月成熟。

地理分布：广西、广东、甘肃、江苏、江西、浙江、湖南、湖北、四川、贵州、西藏、福建、台湾等地。

生境特点：生于海拔 300 ～ 1100 m 地带的阴湿溪谷两旁或林内。

资源现状：分布范围较广，分布零星，种群个体数量少，天然种群数量急剧下降。

濒危原因：生境遭到破坏、退化或丧失，自然更新能力较差。

保护价值：古老孑遗种，其形态和结构特异，在植物区系以及植物分类系统等方面具有重要的科研价值；树形优美，种子成熟时具红色的假种皮，极为美观，可作优良的庭院观赏树种；也是上等的材用树种。

保护措施：加强就地保护，保护母树及其自然环境，禁止乱砍滥伐；加强生物学、生态学、群落学、繁育和保护等方面的研究，为迁地保护和自然回归提供科学依据。

红豆杉科 Taxaceae

海南粗榧

Cephalotaxus hainanensis H. L. Li

保护等级	CITES 附录	IUCN 红色名录	极小种群物种	特有性
国家二级		VU		中国特有

形态特征：乔木。树皮通常浅褐色或褐色，稀黄褐色或红紫色，裂成片状脱落。叶条形，排成两列，通常质地较薄，向上微弯或直，长 2 ～ 4 cm，宽 2.5 ～ 3.5 mm，基部圆截形，稀圆形，先端微急尖、急尖或近渐尖，干后边缘向下反曲，腹面中脉隆起，背面有 2 条白色气孔带。种子通常微扁，倒卵状椭圆形或倒卵圆形，长 2.2 ～ 2.8 cm，顶端有凸起的小尖头，成熟前假种皮绿色，成熟后常呈红色。花期 2 ～ 3 月，种子 9 ～ 10 月成熟。

地理分布：广西、广东、云南、西藏、海南等地。

生境特点：生于海拔 750 ～ 1180 m 的山地林中。

资源现状：分布范围较广，分布零星，种群个体数量少，天然种群数量急剧下降。

濒危原因：生境遭到破坏、退化或丧失，种群遗传多样性水平低，自然更新能力较差。

保护价值：现代医学研究表明，从海南粗榧中分离出的三尖杉酯碱类对治疗白血病和急性淋巴病有特殊疗效，是目前最有潜力的自然抗癌药源之一；材质好，纹理美观，是优良材用树种。

保护措施：加强就地保护，进行野生资源及生境调查、野生抚育，开展人工繁殖技术研究，扩大种群数量；加强宣传教育，增强公众的保护意识。

红豆杉科 Taxaceae

白豆杉

Pseudotaxus chienii (W. C. Cheng) W. C. Cheng

保护等级	CITES 附录	IUCN 红色名录	极小种群物种	特有性
国家二级		VU		中国特有

形态特征： 灌木。树皮灰褐色，裂成条片状脱落。一年生小枝圆，近平滑。叶条形，排成两列，直或微弯，长 1.5 ～ 2.6 cm，宽 2.5 ～ 4.5 mm，先端凸尖，基部近圆形，两面中脉隆起，腹面光绿色，背面有两条白色气孔带，宽约 1.1 mm，较绿色边带宽或几乎等宽。种子卵圆形，上部微扁，顶端有凸起的小尖，成熟时肉质杯状假种皮白色，基部有宿存的苞片。花期 3 ～ 5 月，种子 10 月成熟。

地理分布： 广西、广东、江西、浙江、湖南等地。

生境特点： 生于常绿、落叶阔叶林中。

资源现状： 分布范围较广，分布零星，种群个体数量少，天然种群数量急剧下降。

濒危原因： 气候环境变化和人为干扰使其生境遭到破坏、退化或丧失，自然更新能力较差。

保护价值： 古老的孑遗植物，我国特有的单种属植物；可作为庭院或公园绿化观赏树种；木材纹理致密，具有良好的弹性，是理想的美工及细木工用材。

保护措施： 加强就地保护，保护母树及其自然环境，禁止乱砍滥伐；加强生物学、生态学、群落学、繁育和保护等方面的研究，为迁地保护和自然回归提供科学依据。

红豆杉科 Taxaceae

南方红豆杉 美丽红豆杉、紫杉

Taxus wallichiana var. *mairei* (Lemée & H. Lév.) L. K. Fu & Nan Li

保护等级	CITES 附录	IUCN 红色名录	极小种群物种	特有性
国家一级		VU		

形态特征：乔木。叶多呈弯镰状，通常长 2 ～ 3.5（～ 4.5）cm，宽 3 ～ 4（～ 5）mm，上部常渐窄，先端渐尖，背面中脉带上无角质乳头状突起点，或局部有成片或零星分布的角质乳头状突起点，或与气孔带相邻的中脉带两边有一至数条角质乳头状突起点，中脉带明晰可见，淡黄绿色或绿色，绿色边带较宽而明显。种子微扁，多呈倒卵圆形，上部较宽，稀柱状矩圆形。花期 2 ～ 3 月，种子 10 ～ 11 月成熟。

地理分布：广西、广东、湖南、湖北、四川、贵州、云南、福建、台湾、河南、陕西、甘肃、安徽、浙江等地。

生境特点：生于海拔 680 ～ 1600 m 的山地林中。

资源现状：分布范围较广，种群个体数量少，天然种群数量有明显下降的趋势。

濒危原因：过度采挖和砍伐，生境遭到破坏、退化或丧失，天然种群更新困难。

保护价值：古老的孑遗植物，对红豆杉科系统演化研究具有重要的科学价值；是集药用、材用、观赏和科研价值于一体的优良树种，经济价值和生态价值极高。

保护措施：加强就地保护，保护母树及其自然环境，禁止乱砍滥伐；加强生物学、生态学、群落学、繁育和保护等方面的研究，为迁地保护和自然回归提供科学依据；加强宣传教育，增强公众的保护意识。

被子植物 Angiosperms

木兰科 Magnoliaceae

粗梗木莲

Manglietia crassipes Y. W. Law

保护等级	CITES 附录	IUCN 红色名录	极小种群物种	特有性
广西重点		CR		广西特有

形态特征： 乔木或灌木。芽、小枝、叶背面均具白粉。小枝粗壮。叶片革质，倒披针形或倒卵状椭圆形，中脉在腹面微凸起或平坦，侧脉和网脉两面均凸起。佛焰苞状苞片 1 枚；花被片白色，外轮 3 片呈倒卵状长圆形，长 3.5 ～ 4 cm，宽 2 ～ 2.5 cm，质薄，中轮及内轮质厚。雌蕊群卵圆形，花梗粗壮。聚合果卵球形，长 5 ～ 6 cm，直径 4 ～ 5 cm；蓇葖椭圆柱形，具短喙，成熟时裂成两果瓣。花期 5 月，果熟期 9 月。

地理分布： 广西。

生境特点： 生于海拔约 1300 m 的山地林中。

资源现状： 分布范围狭窄，分布零星，种群个体数量极少，天然种群数量有明显下降的趋势。

濒危原因： 生境遭到破坏、退化或丧失，自然更新能力较差。

保护价值： 园林绿化观赏树种和材用树种，具有较高的经济价值。

保护措施： 加强就地保护，加强生物学、生态学、群落学、繁育和保护等方面的研究，科学开展迁地保护和野外回归；加强宣传教育，增强公众的保护意识。

木兰科 Magnoliaceae

观光木 香花木

Michelia odora (Chun) Noot. & B. L. Chen

保护等级	CITES 附录	IUCN 红色名录	极小种群物种	特有性
广西重点		VU	√	

形态特征：常绿乔木。植株高达 25 m。树皮淡灰褐色，具深皱纹。小枝、芽、叶柄、叶面中脉、叶背面和花梗均被黄棕色糙伏毛。叶片厚膜质，倒卵状椭圆形，长 8 ～ 17 cm，宽 3.5 ～ 7 cm；托叶痕达叶柄中部。花被片象牙黄色，有红色小斑点，狭倒卵状椭圆形。聚合果长椭球形，外果皮榄绿色，有皮孔苍白色，干时深棕色，具显著的黄色斑点。种子椭圆体形或三角状倒卵圆形。花期 3 月，果期 10 ～ 12 月。

地理分布：广西、广东、海南、江西、湖南、云南、福建等地。

生境特点：生于海拔 500 ～ 1000 m 的山地林中。

资源现状：分布范围较广，分布零星，种群个体数量少，天然种群数量有明显下降的趋势。

濒危原因：气候变化，生境遭到破坏、退化或丧失，天然种群更新困难。

保护价值：古老孑遗树种，对研究古植物区系、地理、气候等有重要价值；树根、树皮可入药，用于治疗癌症。

保护措施：加强就地保护，加强生物学、生态学、群落学、繁育和保护等方面的研究，科学开展迁地保护和野外回归；加强宣传教育，增强公众的保护意识。

木兰科 Magnoliaceae

云南拟单性木兰

Parakmeria yunnanensis Hu

保护等级	CITES 附录	IUCN 红色名录	极小种群物种	特有性
国家二级		VU		

形态特征：常绿乔木。植株高达 30 m。树皮灰白色。叶片薄革质，卵状长圆形或卵状椭圆形，长 6.5 ～ 15(20)cm，宽 2 ～ 5 cm，嫩叶紫红色；侧脉每边 7 ～ 15 条，两面网脉明显；叶柄长 1 ～ 2.5 cm。雄花及两性花异株，白色，芳香；雄花花被片 12 枚，外 4 轮红色、倒卵形，内 3 轮白色、狭倒卵状匙形，基部渐狭成爪状；两性花花被片与雄花相同。聚合果长圆状卵球形，长约 6 cm，蓇葖菱柱形，成熟时背缝开裂。种子扁，外种皮红色。花期 5 月，果期 9 ～ 10 月。

地理分布：广西、云南、西藏等地。

生境特点：生于海拔 1200 ～ 1500 m 的山谷密林中。

资源现状：分布范围较广，分布零星，种群个体数量少，天然种群数量有明显下降的趋势。

濒危原因：生境遭到破坏、退化或丧失，自然更新较差。

保护价值：材用和观赏兼用的优良树种。

保护措施：加强就地保护，合理地采种育苗，扩大种群规模；加强宣传教育，增强公众的保护意识。

五味子科 Schisandraceae

黑老虎 大钻

Kadsura coccinea (Lem.) A. C. Sm.

保护等级	CITES 附录	IUCN 红色名录	极小种群物种	特有性
		VU		

形态特征：藤本。叶片革质，长圆形至卵状披针形，长 7 ～ 18 cm，宽 3 ～ 8 cm，先端钝或短渐尖，基部宽楔形或近圆形，边缘全缘。花单生于叶腋，稀成对，雌雄异株；雄花花被片红色，10 ～ 16 枚，雄蕊群椭圆体形或近球形，具雄蕊 14 ～ 48 枚，花梗长 1 ～ 4 cm；雌花花柱短钻状，心皮长圆形，50 ～ 80 枚。聚合果近球形，成熟时红色或暗紫色，直径 6 ～ 10 cm 或更长；小浆果倒卵球形。种子心形或卵状心形。花期 4 ～ 7 月，果期 7 ～ 11 月。

地理分布：广西、广东、海南、江西、湖南、四川、贵州、云南等地。

生境特点：生于山坡、山谷疏林中或林缘。

资源现状：分布范围较广，分布零星，天然种群数量有明显下降的趋势。

濒危原因：过度采挖，生境遭到破坏、退化或丧失。

保护价值：为瑶医老班药“大钻”的基原，是集食用、观赏、药用于一体的多用途植物。根、藤、果实可入药，用于治疗跌打损伤、胃病、风湿痹痛等，在抗癌、抗艾滋病病毒（HIV）等方面亦有一定功效。果实可食，是一种开发潜力较大的药食两用水果。

保护措施：加强就地保护，实施迁地保护，进行人工繁殖，引种驯化，建立种子库，加强生物学特性研究；加强宣传教育，增强公众的保护意识。

樟科 Lauraceae

大瑶山琼楠　韦氏琼楠

Beilschmiedia weii Y. S. Huang, H. M. Tan & Yan Liu

保护等级	CITES 附录	IUCN 红色名录	极小种群物种	特有性
		EN		大瑶山特有

形态特征：乔木。树皮棕灰色。小枝幼时密被铁锈色短柔毛，老时疏生铁锈色短柔毛。顶芽狭卵球形，密被铁锈色短柔毛。叶互生或近对生；叶背面密被铁锈色短柔毛，基部宽楔形至钝，侧脉 10 ～ 13 对；叶柄长 1.5 ～ 2.5 cm，密被铁锈色短柔毛。圆锥花序腋生；花序轴密被铁锈色短柔毛；花被裂片 6 枚，两面密被铁锈色短柔毛；可育雄蕊 9 枚，3 轮排列。果实椭球形，无毛，成熟时黑色。花期 4 ～ 5 月，果期 7 ～ 8 月。

地理分布：广西。

生境特点：生于山坡、山谷疏林中或林缘。

资源现状：分布范围狭窄，分布零星，种群个体数量少，天然种群数量有明显下降的趋势。

濒危原因：生境遭到破坏、退化或丧失。

保护价值：我国特有的珍贵用材、园林观赏和造林树种，具有重要的战略意义。

保护措施：加强就地保护，科学开展近地保护和迁地保护；加强生物学特性研究；加强宣传教育，增强公众的保护意识。

樟科 Lauraceae

闽楠　楠木、兴安楠木

Phoebe bournei (Hemsl.) Yen C. Yang

保护等级	CITES 附录	IUCN 红色名录	极小种群物种	特有性
国家二级		VU		中国特有

形态特征：大乔木。树皮灰白色。小枝有毛或近无毛。叶片革质或厚革质，披针形或倒披针形，先端渐尖或长渐尖，基部渐狭或楔形；叶腹面光亮，无毛，背面被短柔毛，脉上被长柔毛。圆锥花序紧密，生于新枝中下部；花被片卵形，两面被毛；第三轮花丝基部的腺体近无柄，退化雄蕊三角形；子房近球形，柱头帽状。果实椭球形或长圆球形，紫色；宿存花被片紧贴，有毛。花期4月，果期10～11月。

地理分布：广西、广东、海南、江西、湖北、贵州、福建等地。

生境特点：生于山地沟谷或村边的阔叶林中。

资源现状：野生资源稀少，分布零散，天然种群数量有下降趋势。

濒危原因：过度砍伐，生境遭到破坏、退化或丧失，天然种群更新困难。

保护价值：具有重要的经济、园林、药用与生态价值。树干通直，木材芳香，纹理美观，有“金丝楠木”之称，是珍贵的材用树种和观赏树种。木材、枝叶、树皮可入药，用于治疗吐泻。

保护措施：加强就地保护，科学开展近地保护与迁地保护；加强生物学特性研究，进行引种驯化，优良品种培育、繁殖与栽培；加强宣传教育，增强公众的保护意识。

毛茛科 Ranunculaceae

短萼黄连 鸡爪黄连

Coptis chinensis var. *brevisepala* W. T. Wang & P. K. Hsiao

保护等级	CITES 附录	IUCN 红色名录	极小种群物种	特有性
		EN		中国特有

形态特征：多年生草本。根状茎黄色，常分枝，密生多数须根。叶有长柄，无毛，均基生，叶片稍带革质，掌状 3 全裂，中央裂片菱状窄卵形，再羽状深裂，边缘有锐锯齿，侧生裂片不等的 2 深裂。花葶 1～2 个，顶生聚伞花序，有 3～8 朵花，苞片披针形，羽状深裂；萼片黄绿色，平直；花瓣线形或线状披针形，先端渐尖，中央有蜜槽；心皮 8～12 枚，花柱稍外弯。蓇葖较长，褐色。花期 2～3 月，果期 4～6 月。

地理分布：广西、广东、福建、浙江、安徽等地。

生境特点：生于海拔 600～1600 m 的沟谷林下阴湿地或溪涧岩隙中。

资源现状：分布范围较广，但野生资源较少，天然种群数量有下降趋势。

濒危原因：过度采挖，生境遭到破坏、退化或丧失，天然种群更新困难。

保护价值：我国特有的种质资源，具有重要的战略意义；我国民间常用中药，具有极高的药用价值，根状茎可入药，具有清热燥湿、泻火解毒的功效。

保护措施：加强就地保护，科学开展近地保护，加大野生资源本底调查及监测力度，开展人工繁育；加强宣传教育，增强公众的保护意识。

小檗科 Berberidaceae

八角莲 独角莲

Dysosma versipellis (Hance) M. Cheng ex Ying

保护等级	CITES 附录	IUCN 红色名录	极小种群物种	特有性
国家二级		VU		中国特有

形态特征：多年生草本。根状茎粗短而横走，多须根；茎直立，单生，光滑，基部覆被大鳞片。叶片薄纸质，互生，盾状近圆形，5～7浅裂至深裂，裂片阔三角形，卵形或卵状长圆形，腹面无毛，背面被柔毛。花深红色，5～8朵簇生于离叶基部不远处，下垂；萼片6枚，长圆状椭圆形，外面被短柔毛，内面无毛；花瓣勺状倒卵形，无毛；子房椭圆形。浆果椭球形，成熟时紫黑色。花期3～5月，果期6～10月。

地理分布：广西、安徽、广东、贵州、河南、湖北、湖南、江西、山西、云南、浙江、甘肃等地。

生境特点：生于海拔300 m以上的山坡林下、灌丛中、溪旁阴湿处。

资源现状：分布范围较广，但野生资源较少，分布零星，天然种群数量有下降趋势。

濒危原因：过度采挖，生境遭到破坏、退化或丧失，天然种群更新困难。

保护价值：我国特有的种质资源，具有重要的战略意义；有极高的药用价值，根状茎可入药，具有清热解毒、化痰散结、祛瘀消肿的功效。

保护措施：加强就地保护，科学开展近地保护，加大野生资源本底调查及监测力度，开展人工繁育；加强宣传教育，增强公众的保护意识。

木通科 Lardizabalaceae

瑶山野木瓜 瑶山七姐妹

Stauntonia yaoshanensis F. N. Wei & S. L. Mo

保护等级	CITES 附录	IUCN 红色名录	极小种群物种	特有性
				广西特有

形态特征：常绿木质大藤本。小枝具纵线纹。掌状复叶有小叶 5 ～ 7 片；小叶片薄革质，长圆形或倒披针状长圆形，先端急收缩而成一长尾尖，基部钝或近于圆形。总状花序腋生，有 4 ～ 5 朵花；花雌雄同株，萼片淡黄色花瓣状，近肉质；雄花雄蕊 6 枚，合生，顶端具角状附属体；雌花退化雄蕊 6 枚，线形；心皮 3 枚，卵状柱形，柱头偏斜。果实长圆球形或椭球形，长可达 14 cm。花期 4 月，果期 11 月。

地理分布：广西。

生境特点：生于山坡及沟谷阔叶林中。

资源现状：分布范围小，分布零星，天然种群数量有下降趋势。

濒危原因：生境遭到破坏、退化或丧失，天然种群更新困难。

保护价值：广西特有的种质资源，具有重要的战略意义；果实可食用。

保护措施：加强就地保护，加大野生资源本底调查及监测力度，开展人工繁育；加强宣传教育，增强公众的保护意识。

木通科 Lardizabalaceae

大血藤 大红藤

Sargentodoxa cuneata (Oliv.) Rehd. & E. H. Wils.

保护等级	CITES 附录	IUCN 红色名录	极小种群物种	特有性
		VU		

形态特征：落叶木质藤本。茎被砍断时有红色汁液渗出，横断面有放射状花纹。叶互生，三出复叶；顶生小叶菱状倒卵圆形；侧生小叶较大，斜卵形，两侧极不对称。总状花序长 6 ～ 12 cm；萼片 6 枚，花瓣状，长圆形；花瓣 6 枚，圆形；雄蕊长 3 ～ 4 mm，花丝长仅为花药一半或更短；雌蕊多数，子房瓶形，花柱线形，柱头斜。浆果近球形，直径约 1 cm，成熟时黑蓝色，被白粉。花期 4 ～ 5 月，果期 6 ～ 9 月。

地理分布：广西、广东、河南、陕西、安徽、江苏、浙江、江西、湖南、湖北、四川、贵州、云南、福建、海南等地。

生境特点：生于山坡林下、溪边、沟谷和林缘。

资源现状：分布范围较广，种群数量较丰富，野生资源量较大，但有递减趋势。

濒危原因：过度采挖，生境遭到破坏、退化或丧失，自然更新能力差。

保护价值：瑶族老班药“槟榔钻”基原，藤茎可入药，具有清热解毒、活血、祛风止痛的功效；藤去皮，可编制家具，纤维可制人造棉和作造纸原料。

保护措施：加强就地保护，开展人工扩繁及培育；加强宣传教育，增强公众的保护意识。

防已科 Menispermaceae

血散薯 一点血

Stephania dielsiana Y. C. Wu

保护等级	CITES 附录	IUCN 红色名录	极小种群物种	特有性
广西重点		VU		中国特有

形态特征：多年生草质落叶藤本。枝、叶含红色液汁。块根近长圆纺锤形，外皮褐色，表面具凸起皮孔。叶片纸质，三角状近圆形，先端有凸尖，基部微圆或截平，两面无毛。复伞形聚伞花序腋生；雄花萼片 6 枚，倒卵形至倒披针形，花瓣 3 枚，常紫色或带橙黄色；雌花序近头状，雌花萼片 1 枚，花瓣 2 枚。核果成熟时红色，倒卵球形；果核背部两侧各有 2 列钩状小刺，胎座迹穿孔。花期 5 ～ 7 月，果期 7 ～ 8 月。

地理分布：广西、广东、贵州、湖南等地。

生境特点：生于林中、林缘或溪边多石砾的地方。

资源现状：分布范围较广，但野生资源较少。

濒危原因：过度采挖，生境遭到破坏、退化或丧失，天然种群更新困难。

保护价值：我国民间常用中药，具有极高的药用价值；块根可入药，具有清热解毒、散瘀止痛的功效。

保护措施：加强就地保护，加大野生资源本底调查及监测力度，开展人工繁育；加强宣传教育，增强公众的保护意识。

防已科 Menispermaceae

青牛胆　金果榄

Tinospora sagittata (Oliv.) Gagnep.

保护等级	CITES 附录	IUCN 红色名录	极小种群物种	特有性
广西重点		EN		

形态特征： 多年生草质藤本。叶片纸质至薄革质，箭状披针形或有时戟状披针形，基部弯缺常很深；掌状网脉，具 5 条基出脉，连同网脉均在叶片背面凸起。花序腋生，常数个或多个簇生，聚伞花序或排成疏花的圆锥状花序；雄花萼片 6 枚，卵形或披针形；花瓣 6 枚，常有爪，瓣片近圆形或阔倒卵形；雄蕊 6 枚，与花瓣近等长或稍长；雌花萼片与雄花的相似，楔形。核果成熟时红色，近球形；果核近半球形。花期 4 月，果期秋季。

地理分布： 广西、福建、广东、贵州、海南、湖北、湖南、江西、陕西、山西、四川、西藏、云南等地。

生境特点： 生于林下、林缘及竹林中。

资源现状： 分布范围较广，但资源量稀少。

濒危原因： 过度采挖，生境遭到破坏、退化或丧失，天然种群更新困难。

保护价值： 具有极高的药用价值和经济价值，块根可入药，具有清热解毒、利咽、止痛的功效。

保护措施： 加强就地保护，加大野生资源本底调查及监测力度，开展人工繁育；加强宣传教育，增强公众的保护意识。

马兜铃科 Aristolochiaceae

金耳环 瑶山金耳环

Asarum insigne Diels

保护等级	CITES 附录	IUCN 红色名录	极小种群物种	特有性
国家二级		VU		中国特有

形态特征： 多年生草本。根状茎粗短，根丛生，稍肉质，有浓烈的麻辣味。叶片长卵形、卵形或三角状卵形，先端尖或渐尖，基部深耳状，腹面中脉两旁有白色云斑，背面可见细小颗粒状油点，脉上及边缘均被柔毛。花紫色，花梗常弯曲；花被筒钟状，中部以上扩展成凸起圆环，然后缢缩，花被裂片宽卵形至肾状卵形，中部至基部有一白色半圆形垫状斑块；子房下位，外面有 6 纵棱，花柱 6 枚，柱头侧生。花期 3 ～ 4 月。

地理分布： 广西、湖南、广东、江西等地。

生境特点： 生于海拔 450 m 以上的林下阴湿地或土石山坡上。

资源现状： 野生资源较少，分布零星，天然种群数量有下降趋势。

濒危原因： 过度采挖，生境遭到破坏、退化或丧失，天然种群更新困难。

保护价值： 在产地多以本种代替中药材“北细辛”使用；全草可入药，具有祛风散寒、消肿止痛、祛痰的功效。

保护措施： 加强就地保护，加大野生资源本底调查及监测力度，开展人工繁育及种群回归；加强宣传教育，增强公众的保护意识。

马兜铃科 Aristolochiaceae

广防己 藤防己

Isotrema fangchi (Y. C. Wu ex L. D. Chow & S. M. Hwang) X. X. Zhu, S. Liao & J. S. Ma

保护等级	CITES 附录	IUCN 红色名录	极小种群物种	特有性
广西重点				中国特有

形态特征：木质藤本。茎基部具纵裂及增厚的木栓层；嫩枝平滑或具纵棱，密被褐色长柔毛。叶片先端短尖或钝，基部圆形，稀心形，边缘全缘，嫩叶腹面仅中脉密被长柔毛，背面密被褐色或灰色短柔毛；基出脉3条。花单生或3～4朵排成总状花序，生于老茎近基部；花被管中部急遽弯曲，弯曲处至檐部较下部短而狭，紫红色；檐部盘状，近圆形，暗紫色并有黄斑，具明显的网状脉纹。花期3～5月，果期7～9月。

地理分布：广西、贵州、广东等地。

生境特点：生于海拔500～1000 m山坡密林或灌丛中。

资源现状：分布范围较广，种群数量较少，野生资源量有递减趋势。

濒危原因：过度采挖，生境遭到破坏、退化或丧失。

保护价值：我国特有的种质资源，具有重要的战略意义；药用价值较高，根可入药，具有祛风止痛、清热利水的功效。

保护措施：加强就地保护，开展近地保护，加大野生资源本底调查及监测力度；加强宣传教育，增强公众的保护意识。

马兜铃科 Aristolochiaceae

海明关木通

Isotrema haimingii Y. S. Huang & Yan Liu

保护等级	CITES 附录	IUCN 红色名录	极小种群物种	特有性
		EN		大瑶山特有

形态特征：木质藤本。根纺锤形。茎圆柱形，表面具不规则条纹，幼时密被黄褐色长柔毛，后期毛脱落。叶片披针形至椭圆状披针形，基部圆形或浅心形，背面密被淡黄棕色长柔毛。聚伞花序生于木质老茎上或叶状枝的腋处，单生或 2 ～ 5 朵花簇生；花梗下垂，密被黄褐色长柔毛；花被筒马蹄形，外面黄绿色，密被黄褐色长柔毛，内面近基部呈深紫色，密被短柔毛；子房圆柱形。花期 5 ～ 8 月，果期 7 ～ 10 月。

地理分布：广西。

生境特点：生于山坡沟谷中。

资源现状：分布范围小，野生资源极少，分布零星，天然种群数量有下降趋势。

濒危原因：生境遭到破坏、退化或丧失，天然种群更新困难。

保护价值：我国特有的种质资源，具有重要的战略意义及潜在的药用价值。

保护措施：加强就地保护，加大野生资源本底调查及监测力度，开展人工繁育及种群回归；加强宣传教育，增强公众的保护意识。

远志科 Polygalaceae

黄花倒水莲 黄花远志

Polygala fallax Hemsl.

保护等级	CITES 附录	IUCN 红色名录	极小种群物种	特有性
				中国特有

形态特征：灌木或小乔木。根粗壮，多分枝，表皮淡黄色。叶片膜质，披针形至椭圆状披针形，先端渐尖，基部楔形至钝圆，边缘全缘，腹面深绿色，背面淡绿色。总状花序顶生或腋生；花瓣正黄色，3 枚，侧生花瓣长圆形。蒴果阔倒心形至圆形，成熟时绿黄色，具半同心圆状凸起的棱，无翅亦无缘毛，顶端具喙状短尖头。种子圆球形，棕黑色至黑色，表面密被白色短柔毛。花期 5 ～ 8 月，果期 8 ～ 10 月。

地理分布：广西、福建、广东、贵州、湖南、江西、云南等地。

生境特点：生于林缘或山坡水旁阴湿处。

资源现状：野生资源量少，分布零星，天然种群数量有下降趋势。

濒危原因：过度采挖。

保护价值：我国特有的种质资源，具有重要的战略意义；有较高的药用价值，根可入药，具有补益、强壮、祛湿、散瘀的功效。

保护措施：加强就地保护，进行人工栽培繁育；加强宣传教育，增强公众的保护意识。

远志科 Polygalaceae

瑶山蝉翼藤

Securidaca yaoshanensis K. S. Hao

保护等级	CITES 附录	IUCN 红色名录	极小种群物种	特有性
				中国特有

形态特征：攀缘状灌木。叶片厚纸质或革质，卵状长圆形，边缘全缘，微反卷，腹面深绿色，光滑无毛，背面淡绿色，无毛或略被极短的细伏毛。圆锥花序顶生或腋生，被黄色细伏毛；花瓣枣红色，中央一枚龙骨瓣的顶端具一小型鸡冠状附属物，侧生花瓣较短，中部以下与龙骨瓣合生。翅果成熟时绿紫色；翅革质，长圆形或近菱形；果核近球形；果皮厚，坚硬不裂，表面具网脉。花期 6 月，果期 10 月。

地理分布：广西、广东、云南等地。

生境特点：生于山坡林中或林缘。

资源现状：野生资源量少，分布零星，天然种群数量有下降趋势。

濒危原因：生境遭到破坏、退化或丧失，天然种群更新困难。

保护价值：我国特有的种质资源，具有重要的战略意义。

保护措施：加强就地保护；加强宣传教育，增强公众的保护意识。

川苔草科 Podostemaceae

水石衣

Hydrobryum griffithii (Wall. ex Griff.) Tulasne

保护等级	CITES 附录	IUCN 红色名录	极小种群物种	特有性
国家二级		VU		

形态特征：多年生小草本。根呈叶状体状，固着于石头上，外形似叶状地衣。叶鳞片状，每 4 ～ 6 片一簇，2 行覆瓦状排列，有时基部叶为长 3 ～ 6 mm 的丝状体或有时全为丝状体，每 2 ～ 6 条一簇，不规则散生于叶状体状的根上。佛焰苞长约 2 mm；花被片 2 枚，线形，生于花丝基部两侧；雄蕊与子房近等长，花药长圆柱形；子房椭球形；花柱极短，柱头 2 个，楔形。蒴果椭球形，果瓣上有纤细的纵脉。花期 8 ～ 10 月，果期翌年 3 ～ 4 月。

地理分布：广西、云南。

生境特点：生于溪流中石上。

资源现状：分布范围较广，但野生资源较少，天然种群数量有下降趋势。

濒危原因：过度采挖，生境遭到破坏、退化或丧失，自然更新能力差。

保护价值：对水质和生境要求较高，是重要的环境指示植物。

保护措施：加强就地保护，加大野生资源本底调查及监测力度；加强宣传教育，增强公众的保护意识。

蓼科 Polygonaceae

金荞麦 野荞麦

Fagopyrum dibotrys (D. Don) H. Hara

保护等级	CITES 附录	IUCN 红色名录	极小种群物种	特有性
国家二级				

形态特征：多年生草本。根状茎木质化，黑褐色。茎直立，分枝，具纵棱，无毛。叶片三角形，基部近戟形，边缘全缘，两面均具乳头状突起或被柔毛；托叶鞘筒状，膜质，偏斜，顶端截形，无缘毛。花序顶生或腋生，伞房状；苞片卵状披针形，每苞内具 2 ～ 4 朵花；花梗中部具关节，与苞片近等长；花被 5 深裂，白色，花被裂片长椭圆形；雄蕊 8 枚；花柱 3 个，柱头头状。瘦果宽卵形，外面具 3 条锐棱，成熟时黑褐色，无光泽。花期 7 ～ 9 月，果期 8 ～ 10 月。

地理分布：广西、安徽、福建、甘肃、广东、贵州、河南、湖北、湖南、江苏、江西、陕西、四川、西藏、云南、浙江、重庆等地。

生境特点：生于路旁或水边。

资源现状：野生资源较丰富，但天然种群数量有下降趋势。

濒危原因：气候变化，生境遭到破坏、退化或丧失。

保护价值：我国民间传统中草药，根状茎可入药，具有清热解毒、排脓祛瘀的功效；我国野生农作物基因库的重要成员。

保护措施：加强就地保护，进行人工栽培繁育；加强宣传教育，增强公众的保护意识。

凤仙花科 Balsaminaceae

毛凤仙花

Impatiens lasiophyton Hook. f.

保护等级	CITES 附录	IUCN 红色名录	极小种群物种	特有性
				中国特有

形态特征：一年生草本。全株有开展的茸毛。叶片椭圆形、卵形或卵状披针形，先端急尖或渐尖，基部渐狭，边缘有粗圆齿或圆齿状锯齿，两面均有粗毛。花序腋生，具 2 朵花；花黄色或白色；旗瓣圆形，基部 2 裂，背面中肋有厚翅，先端有宽喙；翼瓣无柄，2 裂，基部裂片小或退化，上部裂片宽斧形或半月形，背面有明显的小耳；唇瓣宽漏斗状，基部延长成内弯的距。蒴果条状纺锤形。花期 7～9 月。

地理分布：广西、贵州、云南等地。

生境特点：生于山谷阴湿处、水沟边、密林中。

资源现状：分布范围较广，野生资源数量一般。

濒危原因：气候变化，生境遭到破坏、退化或丧失。

保护价值：我国特有的种质资源，具有重要的战略意义；花色艳丽，花形奇特，具有极高的观赏价值。

保护措施：加强就地保护；加强宣传教育，增强公众的保护意识。

凤仙花科 Balsaminaceae

瑶山凤仙花 指甲花

Impatiens macrovexilla var. *yaoshanensis* S. X. Yu, Y. L. Chen et H. N. Qin

保护等级	CITES 附录	IUCN 红色名录	极小种群物种	特有性
				广西特有

形态特征：一年生草本。植株具少数支柱根。茎肉质，直立，节部肿胀，有时长出不定根。叶片膜质，长圆形或长圆状披针形，基部楔状下延，常具 2 个球形腺体，边缘具圆齿状齿。花序单生于上部叶腋，具 2 花，偶 1 花。花红色或者玫红色；旗瓣大，扁肾形；翼瓣无柄，2 裂，基部裂片披针形，上部斧形；唇瓣窄漏斗形，先端具尖喙，基部渐狭为内弯的细距。子房纺锤形，直立。花期 9 ～ 10 月。

地理分布：广西。

生境特点：生于山谷阴处、林下或路边草地。

资源现状：分布范围小，野生资源量少，天然种群数量有下降趋势。

濒危原因：气候变化，生境遭到破坏、退化或丧失。

保护价值：我国特有的种质资源，具有重要的战略意义；花色艳丽，花形奇特，具有极高的观赏价值。

保护措施：加强就地保护；加强宣传教育，增强公众的保护意识。

瑞香科 Thymelaeaceae

毛瑞香 山瑞香

Daphne kiusiana var. *atrocaulis* (Rehd.) F. Maekawa

保护等级	CITES 附录	IUCN 红色名录	极小种群物种	特有性
				中国特有

形态特征：常绿灌木。枝深紫色或紫红色，无毛。叶互生，叶片椭圆形或披针形，侧脉 6 ～ 7 对。花白色，有时淡黄白色，常 9 ～ 12 朵簇生于枝顶，排成头状花序，几无花序梗；苞片边缘具短的白色流苏状缘毛；花梗密被淡黄绿色粗茸毛；花萼筒圆筒状，外面下部密被淡黄绿色丝状茸毛；花萼裂片 4 枚，无毛；花盘短杯状，边缘全缘或微波状，外面无毛。果实成熟时红色。花期 11 月至翌年 2 月，果期 4 ～ 5 月。

地理分布：广西、广东、安徽、江苏、浙江、江西、湖南、湖北、四川、福建、台湾等地。

生境特点：生于湿润的山地林缘或疏林中。

资源现状：分布范围较广，种群数量较少，野生资源量有递减趋势。

濒危原因：过度采挖，生境遭到破坏、退化或丧失。

保护价值：我国特有的种质资源，具有重要的战略意义；瑶族老班药“暖骨风”的基原，全株可入药，具有温经散寒、祛风除湿、健脾化湿、养血补肝的功效；树姿优美，花繁馨香，具有极高的观赏价值。

保护措施：加强就地保护，开展人工扩繁及培育；加强宣传教育，增强公众的保护意识。

西番莲科 Passifloraceae

广东西番莲

Passiflora kwangtungensis Merr.

保护等级	CITES 附录	IUCN 红色名录	极小种群物种	特有性
		VU		中国特有

形态特征: 草质藤本。叶片膜质，披针形至长圆状披针形，先端长渐尖，基部心形；基出脉 3 条；叶柄上部或近中部具 2 个盘状小腺体。花序无梗，成对生于纤细卷须的两侧，具 1 ～ 2 朵花；花白色，花瓣 5 枚，与萼片等大；外副花冠裂片 1 轮，丝状，内副花冠褶状高约 1.5 mm。浆果球形。种子椭球形，淡棕黄色，扁平，顶端具小尖头。花期 3 ～ 5 月，果期 6 ～ 7 月。

地理分布: 广西、广东、江西等地。

生境特点: 生于山坡林缘或灌丛中。

资源现状: 分布范围小，野生资源量少，天然种群数量有下降趋势。

濒危原因: 过度采挖，生境遭到破坏或丧失。

保护价值: 我国特有的种质资源，具有重要的战略意义；全株可入药，具有清热解毒的功效。

保护措施: 加强就地保护，加大资源本底调查力度；加强宣传教育，增强公众的保护意识。

葫芦科 Cucurbitaceae

罗汉果　光果木鳖

Siraitia grosvenorii (Swingle) C. Jeffrey ex A. M. Lu et Z. Y. Zhang

保护等级	CITES 附录	IUCN 红色名录	极小种群物种	特有性
				中国特有

形态特征： 攀缘草本。根肥大，纺锤形。叶片膜质，卵形心形、三角状卵形或阔卵状心形，两面均被稀疏柔毛和黑色疣状腺鳞。卷须 2 歧，在分叉点上下同时旋卷。花雌雄异株；雄花序总状；花萼裂片 5 枚，筒宽钟状；花冠黄色，被黑色腺点，花冠裂片长圆形。果实球形或长圆柱形。种子淡黄色，近球形或阔卵形，扁压状，两面中央稍凹陷，周围有放射状沟纹，边缘有微波状檐。花期 5 ～ 7 月，果期 7 ～ 9 月。

地理分布： 广西、广东、贵州、湖南、江西等地。

生境特点： 生于海拔 400 ～ 1400 m 的山坡林下及河边湿地、灌丛。

资源现状： 分布范围较广，分布零星，野生资源量急剧减少。

濒危原因： 气候变化，生境遭到破坏、退化或丧失，天然种群更新困难。

保护价值： 我国特有的珍稀佳果和道地药材，亦是我国首批公布的药食两用的中药材，具有极高的药用价值和营养价值。

保护措施： 加强就地保护，科学开展近地保护和迁地保护，加大野生资源本底调查及监测力度；开展生物学特性研究及种群回归；加强宣传教育，增强公众的保护意识。

葫芦科 Cucurbitaceae

长萼栝楼

Trichosanthes laceribractea Hayata

保护等级	CITES 附录	IUCN 红色名录	极小种群物种	特有性
				中国特有

形态特征: 攀缘草本。叶片纸质，形状变化较大，轮廓近圆形或阔卵形，常 3 ～ 7 浅至深裂，裂片三角形、卵形或菱状倒卵形。卷须 2 ～ 3 歧。花雌雄异株；雄花总状花序腋生，雄花花冠白色，花冠裂片倒卵形，边缘具纤细长流苏；雌花单生，基部具 1 枚线状披针形的苞片，苞片边缘具齿裂，花冠同雄花的。果实球形至卵球形，成熟时橙黄色至橙红色，表面平滑。种子长方体形或长方状椭球形，两端钝圆或平截。花期 7 ～ 8 月，果期 9 ～ 10 月。

地理分布: 广西、广东、湖北、江西、四川、台湾、山东等地。

生境特点: 生于海拔 200 m 以上的山谷密林中或山坡路旁。

资源现状: 分布范围较广，野生资源一般。

濒危原因: 生境遭到破坏、退化或丧失。

保护价值: 我国特有的种质资源，具有重要的战略意义。

保护措施: 加强就地保护；加强宣传教育，增强公众的保护意识。

秋海棠科 Begoniaceae

金秀秋海棠

Begonia glechomifolia C. M. Hu ex C. Y. Wu & T. C. Ku

保护等级	CITES 附录	IUCN 红色名录	极小种群物种	特有性
		EN		大瑶山特有

形态特征：多年生草本。根状茎球形。茎无毛或近于无毛。茎生叶 1～2 片，具长柄。叶片轮廓心形或近肾形，基部浅心形至深心形或圆耳形，边缘具疏而浅之齿，有时具重锯齿，并有不明显浅裂，两面近无毛；掌状网脉，具 5～7 条基出脉；叶柄无毛或近于无毛。花序聚伞状，自叶腋抽出，花序梗无毛；花梗无毛；雄花花被片 4 枚，雌花花被片 3 枚；花柱 3 枚，柱头呈螺旋状扭曲。蒴果具 3 个翅，其中一个特大，呈镰形，另 2 个短小，呈新月形。花期 6～9 月。

地理分布：广西。

生境特点：生于山坡隐蔽处岩石上。

资源现状：分布范围狭窄，野生资源极少，天然种群数量有明显下降的趋势。

濒危原因：过度采挖，生境遭到破坏、退化或丧失，自然更新能力差。

保护价值：我国特有植物，具有重要的战略意义；在药用价值创新利用方面具有广阔前景。

保护措施：加强就地保护，加大野生资源本底调查及监测力度；加强宣传教育，增强公众的保护意识。

秋海棠科 Begoniaceae

膜果秋海棠

Begonia hymenocarpa C. Y. Wu

保护等级	CITES 附录	IUCN 红色名录	极小种群物种	特有性
				广西特有

形态特征： 多年生草本。茎直立，有棱，无毛。叶互生，有长柄，叶片两侧极不相等，轮廓长卵形，先端短渐尖至短尾状渐尖，基部心形，窄侧呈圆形至截形，宽侧向下延伸，边缘有大小不等三角形之齿，两面均散生短小刺毛；掌状脉，具基出脉 5 条；叶柄无毛；托叶膜质，早落。花粉红色，花序聚伞状；花被片 4 枚，外轮 2 枚较大，内轮 2 枚较小。蒴果下垂，具不等 3 翅，其中 1 个较大，另 2 个近等大。花期 7 ～ 8 月，果期 9 月开始。

地理分布： 广西。

生境特点： 生于山沟水边或山谷疏林阴湿处。

资源现状： 分布范围狭窄，分布零星，野生资源稀少，天然种群数量有下降趋势。

濒危原因： 生境遭到破坏、退化或丧失；种子萌芽率低，自然更新能力差。

保护价值： 我国特有植物，具有重要的战略意义。秋海棠属植物具有极高的观赏价值和经济价值，开发利用前景广阔。

保护措施： 加强就地保护，开展近地保护，加大野生资源本底调查及监测力度；加强宣传教育，增强公众的保护意识。

五列木科 Pentaphylacaceae

亮叶杨桐　石崖茶

Adinandra nitida Merr. ex H. L. Li

保护等级	CITES 附录	IUCN 红色名录	极小种群物种	特有性
				中国特有

形态特征： 灌木或乔木。树皮灰色，平滑。叶片厚革质，卵状长圆形至长圆状椭圆形，边缘具疏细齿；中脉在腹面平贴，在背面凸起，侧脉 12 ～ 16 对，干后两面稍明显。花单朵腋生；萼片卵形；花瓣白色，长圆状卵形，外面无毛；花药线状披针形，外面被丝状毛；子房卵球形，无毛，花柱顶端 3 分叉。果实球形或卵球形，成熟时橙黄色或黄色。种子褐色，表面具网纹。花期 6 ～ 7 月，果期 9 ～ 10 月。

地理分布： 广西、广东、贵州等地。

生境特点： 生于沟谷溪边、林缘、林中或石岩边。

资源现状： 分布范围较广，野生资源较丰富。

濒危原因： 生境遭到破坏、退化或丧失。

保护价值： 我国特有的种质资源，具有重要的战略意义；我国民间常用药材和茶饮植物，具有极高的药用和经济价值。

保护措施： 加强就地保护；加强宣传教育，增强公众的保护意识。

山茶科 Theaceae

野生茶　茶树、茗

Camellia sinensis (L.) Kuntze

保护等级	CITES 附录	IUCN 红色名录	极小种群物种	特有性
国家二级				

形态特征：小乔木。叶片薄革质，椭圆形或长圆形，先端钝或渐尖，基部楔形，边缘有锯齿，背面无毛；侧脉7～8对。花腋生或顶生，白色；苞片2枚，早落；萼片5枚，倒卵形；花瓣7～11枚，倒卵形，无毛，基部近离生；雄蕊多数，近离生；子房3室，外面被茸毛，花柱顶端3裂。蒴果球形。种子近球形，黑色。花期10月至翌年2月，果期8～10月。

地理分布：广西、安徽、福建、广东、贵州、河南、湖北、湖南、江苏、江西、陕西、四川、台湾、浙江、云南、西藏等地。

生境特点：生于山地疏林中。

资源现状：分布范围较广，野生分布点少，种群规模小，资源量较少。

濒危原因：生境遭到破坏、退化或丧失，天然种群更新困难。

保护价值：重要的野生种质资源，对茶的人工驯化育种具有重要的科研价值；嫩叶和嫩芽可入药，具有清头目、除烦渴、消食化痰、利尿止泻的功效。

保护措施：加强就地保护；加强宣传教育，增强公众的保护意识。

山茶科 Theaceae

心叶折柄茶 心叶紫茎

Stewartia cordifolia (H. L. Li) J. Li & T. L. Ming

保护等级	CITES 附录	IUCN 红色名录	极小种群物种	特有性
				中国特有

形态特征：大乔木。叶片厚革质，长卵形，先端短尖或长渐尖，基部心形或近圆形，边缘有疏锯齿；叶柄具翅。花单生于叶腋；苞片 2 枚，狭披针形，被毛；萼片长卵形，先端圆形，外面有柔毛。内面下半部有微毛；花瓣白色；雄蕊多数；子房圆锥形，无毛。蒴果木质，圆锥形。种子多数，具翅。花期 6 ～ 7 月，果实秋后成熟。

地理分布：广西、贵州、湖南等地。

生境特点：生于山地林中。

资源现状：分布范围较广，野生资源量较少。

濒危原因：生境遭到破坏、退化或丧失，天然种群更新困难。

保护价值：我国特有的种质资源，具有重要的战略意义。

保护措施：加强就地保护；加强宣传教育，增强公众的保护意识。

猕猴桃科 Actinidiaceae

金花猕猴桃

Actinidia chrysantha C. F. Liang

保护等级	CITES 附录	IUCN 红色名录	极小种群物种	特有性
国家二级				中国特有

形态特征：落叶藤本。小枝皮孔显著。叶片软纸质，阔卵形或卵形至披针状长卵形，边缘有圆锯齿；叶柄水红色。花序具 1 ～ 3 朵花，被茶褐色短茸毛；花金黄色；萼片 5 枚，两面均被茶褐色粉末状茸毛；花瓣 5 枚，瓢状倒卵形；花药黄色；子房柱状圆球形，密被茶褐色茸毛。果实成熟时栗褐色或绿褐色，表面秃净，但具枯黄色斑点，柱状圆球形或卵球形。花期 5 月中旬，果期 11 月。

地理分布：广西、广东、湖南、江西等地。

生境特点：生于山坡疏林中或林缘灌丛阳光较充足的环境。

资源现状：野生资源分布零星，种群规模小，种群数量较少，有持续衰减的趋势。

濒危原因：过度采挖，生境遭到破坏、退化或丧失，天然种群更新困难。

保护价值：野生猕猴桃中唯一具金黄色花朵的种，是重要的种质资源，对猕猴桃遗传育种研究、新品种选育等具有重要价值。果实可入药，具有滋补强壮的功效；根可入药，具有清热利湿的功效。

保护措施：加强就地保护，科学开展近地保护和迁地保护，开展生物学特性研究及种群回归；加强宣传教育，增强公众的保护意识。

猕猴桃科 Actinidiaceae

条叶猕猴桃 耳叶猕猴桃

Actinidia fortunatii Finet et Gagnep.

保护等级	CITES 附录	IUCN 红色名录	极小种群物种	特有性
国家二级		NT		

形态特征： 半常绿藤本。皮孔不明显。叶片坚纸质，长条形或条状披针形，先端渐尖，基部耳状2裂或钝圆形，边缘有极不显著的、疏生的、具硬质尖头的小齿，背面粉绿色。聚伞花序腋生，具1～3朵花；花序梗极短，被红褐色茸毛；花粉红色；萼片5枚，边缘有睫状毛，两面均无毛；花瓣5枚，倒卵形；子房外面密被黄褐色茸毛，圆柱状近球形。花期4～6月，果期8～11月。

地理分布： 广西、广东、贵州、湖南等地。

生境特点： 生于山地疏林中或林缘灌丛中。

资源现状： 野生资源分布零星，种群规模小，种群数量较少，有持续衰减的趋势。

濒危原因： 过度采挖，生境遭到破坏、退化或丧失，天然种群更新困难。

保护价值： 重要的猕猴桃种质资源，对猕猴桃遗传育种研究、新品种选育具有重要的价值；根可入药，用于治疗跌打损伤。

保护措施： 加强就地保护，开展近地保护，加大野生资源本底调查及监测力度；加强宣传教育，增强公众的保护意识。

金莲木科 Ochnaceae

合柱金莲木 辛木

Sauvagesia rhodoleuca (Diels) M. C. E. Amaral

保护等级	CITES 附录	IUCN 红色名录	极小种群物种	特有性
国家二级		VU		中国特有

形态特征：直立小灌木。茎单生或近顶部分叉。叶片薄纸质，狭披针形或狭椭圆形，先端渐尖，边缘有密而大小不相等的腺状锯齿，两面光亮。圆锥花序较狭；花梗细长；萼片浅绿色，卵形或披针形；花瓣白色，椭圆形；有宿存的白色退化雄蕊；子房卵形，花柱圆柱形，柱头小，不明显。蒴果卵球形，成熟时 3 瓣裂。种子椭球形，种皮暗红色，有多数小圆凹点。花期 4～5 月，果期 6～7 月。

地理分布：广西、广东等地。

生境特点：生于山谷水旁密林中。

资源现状：野生资源分布零星，种群数量稀少，有持续衰减的趋势。

濒危原因：过度采挖，生境遭到破坏、退化或丧失，天然种群更新困难。

保护价值：我国特有的种质资源，具有重要的战略意义；对研究金莲木科植物区系、地理分布及其起源等具有重要的科研价值；根、茎均可入药，用于治疗疥疮。

保护措施：加强就地保护，继续开展资源本底调查，实施人工扩繁及种群回归；加强宣传教育，增强公众的保护意识。

野牡丹科 Melastomataceae

棱果花　棱果木

Barthea barthei (Hance) Krass.

保护等级	CITES 附录	IUCN 红色名录	极小种群物种	特有性
				中国特有

形态特征： 灌木。小枝略四棱柱形，幼时被微柔毛及腺状糠秕。叶片边缘全缘或具细锯齿，两面无毛；基出脉5条。聚伞花序，顶生，具3朵花，常仅1朵成熟；花梗四棱柱形，被糠秕；花萼钟形，四棱形，密被糠秕，棱上常具狭翅；花瓣白色至粉红色或紫红色。蒴果长圆柱形，顶端平截，为宿存萼所包；宿存萼四棱形，棱上有狭翅，顶端常冠宿存萼裂片，外面被糠秕。花期1～4月或10～12月，果期10～12月或1～5月。

地理分布： 广西、广东、湖南、福建、台湾等地。

生境特点： 生于山坡、山谷或山顶疏、密林中。

资源现状： 分布范围较广，种群数量较少，野生资源量有递减趋势。

濒危原因： 生境遭到破坏、退化或丧失。

保护价值： 我国特有的种质资源，具有重要的战略意义；根、叶均可入药，具有止痛的功效；树姿优美，具有极高的观赏价值。

保护措施： 加强就地保护；加强宣传教育，增强公众的保护意识。

野牡丹科 Melastomataceae

大瑶山鸭脚茶

Tashiroea dayaoshanensis Q. J. Zhou & Ying Liu

保护等级	CITES 附录	IUCN 红色名录	极小种群物种	特有性
		EN		大瑶山特有

形态特征：小灌木。有匍匐茎，茎圆柱状，顶芽和腋芽均被淡黄色单列毛覆盖，后期毛脱落。叶片纸质至硬纸质，卵形。花序顶生和腋生，聚伞状；花序梗、花梗和花萼均疏生微柔毛或后期毛脱落；萼筒短钟状，钝四棱形；萼裂片宽三角形；花瓣紫色或粉红色，卵形至长圆形，稍偏斜，先端锐尖或具细尖；雄蕊近异形；子房半下位，4 室，顶端有冠，稍 4 裂，边缘具缘毛和腺毛。蒴果杯状。花期 7 ～ 8 月，果期 8 ～ 11 月。

地理分布：广西。

生境特点：生于海拔 700 ～ 1100 m 的山坡上、林缘或小溪旁的灌丛中。

资源现状：野生资源分布零星，种群数量稀少。

濒危原因：生境遭到破坏、退化或丧失，天然种群更新困难。

保护价值：我国特有的种质资源，具有重要的战略意义，亦具有潜在的药用价值。

保护措施：加强就地保护，开展近地保护，加大野生资源本底调查及监测力度；加强宣传教育，增强公众的保护意识。

红树科 Rhizophoraceae

旁杞木 铁巴掌

Carallia pectinifolia W. C. Ko

保护等级	CITES 附录	IUCN 红色名录	极小种群物种	特有性
				中国特有

形态特征：灌木或小乔木。小枝和枝干燥时紫褐色，有明显的纺锤形的木栓质皮孔。叶片矩圆形，稀倒披针形，先端渐尖或尾状，基部阔楔形，边缘有篦状小齿；叶柄长 5 ~ 6 mm。花序具短梗；花序梗二歧分枝，长 1.5 ~ 2 cm 或稍长；花具短梗，2 ~ 3 朵生于分枝的顶部；花瓣白色，与花萼裂片同数且互生，先端 2 裂，边缘皱褶和不规分裂。果实球形，直径 6 ~ 7 mm，成熟时红色，有宿存的红色花萼裂片。花果期春夏两季。

地理分布：广西、广东、云南等地。

生境特点：生于山谷或溪畔杂木林中。

资源现状：分布范围较广，野生资源较丰富，但天然种群数量有下降趋势。

濒危原因：生境遭到破坏、退化或丧失，种子萌芽率低，自然更新能力差。

保护价值：我国特有植物，具有重要的战略意义；根、茎、叶均可入药，具有清热凉血、利尿消肿、接骨的功效。

保护措施：加强就地保护，加大野生资源本底调查及监测力度；加强宣传教育，增强公众的保护意识。

藤黄科 Clusiaceae

薄叶红厚壳 横经席

Calophyllum membranaceum Gardn. et Champ.

保护等级	CITES 附录	IUCN 红色名录	极小种群物种	特有性
		VU		

形态特征：灌木至小乔木。幼枝四棱形，具狭翅。叶片薄革质，长圆形或长圆状披针形，先端渐尖、急尖或尾状渐尖，基部楔形，边缘反卷，两面均具光泽。聚伞花序腋生；花两性，白色略带浅红；花萼裂片 4 枚；花瓣 4 枚等大，倒卵形；雄蕊多数，花丝基部合生成 4 束；子房卵球形，花柱细长，柱头钻状。果卵球状长圆形，顶端具短尖头，成熟时黄色。花期 3 ～ 5 月，果期 8 ～ 10 月。

地理分布：广西、广东、海南等地。

生境特点：生于山地疏林或密林中。

资源现状：分布范围较广，种群数量少，有持续衰减的趋势。

濒危原因：过度采挖，生境遭到破坏、退化或丧失，天然种群更新困难。

保护价值：为瑶族老班药“独脚风”的基原，具有极高的药用价值；树形优美，枝叶茂盛，叶片亮绿，可作园林观赏树种。

保护措施：加强就地保护，开展近地保护，加大野生资源本底调查及监测力度；加强宣传教育，增强公众的保护意识。

黏木科 Ixonanthaceae

黏木　粘木

Ixonanthes reticulata Jack

保护等级	CITES 附录	IUCN 红色名录	极小种群物种	特有性
广西重点		VU		

形态特征：灌木或乔木。叶片革质，椭圆形或狭椭圆形，先端骤狭成偏于一侧的镰形、尾状或短尖头，基部楔形；叶柄两侧具不明显的翅。二歧聚伞花序着生于小枝上部叶腋；萼片卵形，外面被疏长柔毛；花瓣白色或淡绿色；子房近球形，花柱稍长于雄蕊，柱头头状。蒴果狭长圆形，成熟时褐棕色，室间开裂为 5 个果瓣；花被宿存。种子长圆形，一端具膜质种翅。花期 4 ～ 5 月，果期 6 ～ 9 月。

地理分布：广西、福建、广东、贵州、海南、湖南、云南等地。

生境特点：生于平原或低山常绿阔叶林中。

资源现状：野生资源分布零星，种群数量稀少，有持续衰减的趋势。

濒危原因：生境遭到破坏、退化或丧失，天然种群更新困难。

保护价值：我国珍稀种质资源，具有潜在开发利用价值。

保护措施：加强就地保护，加大野生资源本底调查及监测力度；加强宣传教育，增强公众的保护意识。

绣球花科 Hydrangeaceae

罗蒙常山 入骨风

Dichroa yaoshanensis Y. C. Wu

保护等级	CITES 附录	IUCN 红色名录	极小种群物种	特有性
				中国特有

形态特征：半灌木。小枝、叶柄、叶脉和花序均被微细皱卷短柔毛，间有半透明长粗毛。叶片纸质，椭圆形或卵状椭圆形，边缘具锯齿，除叶脉外两面均被长粗毛，背面毛较短而密。伞房状聚伞花序；花序梗极短；花蕾长圆柱状倒卵形，蓝色；花萼倒圆锥形；花瓣长圆状披针形，先端急尖，内端具三角形尖角，两面均密被长硬毛或内面无毛。果实近球形，疏被长柔毛。花期 5 ～ 7 月，果期 9 ～ 11 月。

地理分布：广西、广东、湖南、云南等地。

生境特点：生于海拔 500 ～ 1200 m 的山坡或山谷林下。

资源现状：野生资源分布零星，种群数量稀少。

濒危原因：生境遭到破坏、退化或丧失，天然种群更新困难。

保护价值：我国特有的种质资源，具有重要的战略意义；民间常用药材，根可入药，用于治疗风湿骨痛、产后风。

保护措施：加强就地保护，加大野生资源本底调查及监测力度；加强宣传教育，增强公众的保护意识。

蔷薇科 Rosaceae

甜茶

Rubus chingii var. *suavissimus* (S. Lee) L. T. Lu

保护等级	CITES 附录	IUCN 红色名录	极小种群物种	特有性
		VU		广西特有

形态特征：落叶灌木。小枝光滑无毛，常带白粉。叶片掌状 5 深裂，基部近心形，裂片椭圆形或菱状卵形，先端渐尖，顶生裂片与侧生裂片近等长，边缘具重锯齿。花单生，开放时呈白色，花瓣 5。聚合果卵球形，幼时灰青色，成熟时橙红色，味甜可食。种子褐色，椭球形，表面有纵脉纹。花期 7 ～ 8 月，果期 11 ～ 12 月。

地理分布：广西。

生境特点：生于山地常绿阔叶林、针叶林、灌丛中。

资源现状：野生资源分布零星，种群数量稀少，有持续衰减的趋势。

濒危原因：过度采挖，生境遭到破坏、退化或丧失，天然种群更新困难。

保护价值：我国特有的种质资源，具有重要的战略意义；民间常用药材或作茶饮，具有极高的药用和经济价值。

保护措施：加强就地保护，加大野生资源本底调查及监测力度；加强宣传教育，增强公众的保护意识。

豆科 Fabaceae

瑶山山黑豆

Dumasia nitida Chun ex Y. T. Wei et S. Lee

保护等级	CITES 附录	IUCN 红色名录	极小种群物种	特有性
		VU		

形态特征： 攀缘状草质藤本。全株无毛。茎纤细，具细纵纹。叶为羽状三出复叶；托叶线形；小叶膜质，卵形或长卵形，先端钝或有时近圆形，具小凸尖，基部平截或宽楔形，腹面绿色，背面淡绿色。总状花序腋生；花排列稀疏；花萼管状，膜质；花冠淡黄色，旗瓣长圆形，翼瓣和龙骨瓣长圆状；雄蕊二体；子房线形至线状倒披针形。荚果长圆形至倒披针形。花果期 9 ～ 10 月。

地理分布： 广西、云南等地。

生境特点： 生于山地路旁灌丛中。

资源现状： 分布范围较窄，分布零星，野生资源较少，种群数量有下降趋势。

濒危原因： 生境遭到破坏、退化或丧失。

保护价值： 具有潜在的药用价值。

保护措施： 加强就地保护，加大野生资源本底调查及监测力度；加强宣传教育，增强公众的保护意识。

豆科 Fabaceae

榼藤 眼镜豆、过江龙

Entada phaseoloides (L.) Merr.

保护等级	CITES 附录	IUCN 红色名录	极小种群物种	特有性
		EN		

形态特征：常绿大型木质藤本。茎扭旋，枝无毛。叶为二回羽状复叶，羽片通常 2 对，顶生 1 对羽片变为卷须；每羽片具小叶 2～4 对；小叶对生，革质，长椭圆形或长倒卵形；叶柄短。穗状花序单生或排成圆锥花序式；花白色，略有香味；花萼阔钟状；花瓣 5 枚，长圆形；雄蕊稍长于花冠；子房无毛，花柱丝状。荚果长达 1 m，宽 8～12 cm，弯曲，扁平，木质，成熟时逐节脱落，每节内有 1 粒种子。种子近圆形，扁平，暗褐色。花期 3～6 月，果期 8～11 月。

地理分布：广西、云南、西藏、台湾、福建、广东、海南等地。

生境特点：生于山涧或山坡林中，攀缘于大乔木上。

资源现状：分布范围较广，分布零星，野生资源稀少，天然种群数量急剧下降。

濒危原因：过度砍伐，生境遭到破坏、退化或丧失，自然更新能力差。

保护价值：藤茎可入药，具有祛风除湿、活络散瘀的功效；茎皮的浸液具有催吐、下泻的功效；种子含淀粉及油，经处理后方可食用；亦可作为工艺品。

保护措施：加强就地保护，科学开展近地保护，加大野生资源本底调查及监测力度；加强宣传教育，增强公众的保护意识。

豆科 Fabaceae

白花油麻藤 大兰布麻、鸡血藤

Mucuna birdwoodiana Tutch.

保护等级	CITES 附录	IUCN 红色名录	极小种群物种	特有性
				中国特有

形态特征：常绿大型木质藤本。老茎断面淡红褐色，有3～4个偏心的同心圆圈，新断面先流白汁，2～3分钟后有血红色汁液形成。叶为羽状三出复叶；顶生小叶椭圆形，卵形或略呈倒卵形，先端具长达1.3～2 cm的渐尖头，侧生小叶偏斜，两面无毛或散生短毛。总状花序生于老枝上或生于叶腋，长20～40 cm，有花20～30朵，常呈束状；花冠白色或带绿白色。果木质，带形，长30～45 cm，近念珠状，密被红褐色短茸毛。花期4～6月，果期6～11月。

地理分布：广西、广东、江西、四川、贵州、云南、福建、香港、澳门等地。

生境特点：生于山坡林下、林缘、路旁、溪边，常攀缘在乔木和灌木上。

资源现状：分布范围较广，野生资源较丰富，但天然种群数量有下降趋势。

濒危原因：生境遭到破坏、退化或丧失，自然更新能力差。

保护价值：我国特有植物，具有重要的战略意义；藤茎可入药，具有通经络、强筋骨、活血补血的功效。

保护措施：加强就地保护，加大野生资源本底调查及监测力度；加强宣传教育，增强公众的保护意识。

豆科 Fabaceae

肥荚红豆 圆子红豆、大红豆

Ormosia fordiana Oliv.

保护等级	CITES 附录	IUCN 红色名录	极小种群物种	特有性
国家二级				

形态特征： 乔木。叶为奇数羽状复叶，具小叶 2 ～ 6 对；小叶薄革质，倒卵状披针形或倒卵状椭圆形，先端急尖或尾尖，基部楔形或钝。圆锥花序顶生；花序梗及花梗均密被锈色毛；小苞片 2 枚，披针形，外面密被锈褐色毛；花大；花萼淡褐绿色，萼齿 5，深裂，长椭圆状披针形；花冠淡紫红色，旗瓣圆形，兜状；子房扁，外面密被锈褐色绢毛。荚果半球形或长圆球形。种子较大，长椭球形，种皮鲜红色。花期 6 ～ 7 月，果期 10 ～ 12 月。

地理分布： 广西、广东、海南、云南等地。

生境特点： 生于山谷溪边疏林或山坡灌丛中。

资源现状： 分布范围较广，分布零星，天然种群数量有下降趋势。

濒危原因： 生境遭到破坏、退化或丧失。

保护价值： 木材纹理略通直，可作一般建筑和家具用材；树皮、叶可入药，用于治疗牙龈脓肿。

保护措施： 加强就地保护，科学开展近地保护，加大野生资源本底调查及监测力度；加强宣传教育，增强公众的保护意识。

豆科 Fabaceae

花榈木　花梨木、红豆树

Ormosia henryi Prain

保护等级	CITES 附录	IUCN 红色名录	极小种群物种	特有性
国家二级		VU		

形态特征： 常绿乔木。小枝、叶轴及花序密被茸毛。叶为奇数羽状复叶，具小叶 1 ～ 3 对；小叶革质，椭圆形或长圆状椭圆形，腹面深绿色、无毛，背面及叶柄均密被黄褐色茸毛。圆锥花序顶生或总状花序腋生；花萼钟形，5 齿裂，萼齿三角状卵形，内外均密被褐色茸毛；花冠中央淡绿色，旗瓣近圆形，翼瓣倒卵状长圆形，龙骨瓣倒卵状长球形。荚果长椭球形，无毛。种子椭球形或卵形，种皮鲜红色，有光泽。花期 7 ～ 8 月，果期 10 ～ 11 月。

地理分布： 广西、海南、安徽、浙江、江西、重庆、湖南、湖北、上海、福建、广东、四川、贵州、云南、黑龙江等地。

生境特点： 生于山坡、溪谷两旁杂木林中。

资源现状： 分布范围较广，分布零星，野生资源稀少，天然种群数量有下降趋势。

濒危原因： 过度砍伐，生境遭到破坏、退化或丧失，自然更新能力差。

保护价值： 优良的材用树种，被纳入《国家储备林树种目录》；树姿优美，叶片浓绿繁茂，是优良的园林绿化观赏树种；药用价值较高，根可入药，用于治疗胃脘痛、泄泻、痢疾。

保护措施： 加强就地保护，科学开展近地保护，加大野生资源本底调查及监测力度，开展人工繁育和种群回归；加强宣传教育，增强公众的保护意识。

豆科 Fabaceae

小叶红豆 紫檀、苏檀木

Ormosia microphylla Merr. et H. Y. Chen

保护等级	CITES 附录	IUCN 红色名录	极小种群物种	特有性
国家一级		VU		中国特有

形态特征：灌木或乔木。叶为奇数羽状复叶，叶轴密被黄褐色柔毛，具小叶 5 ～ 7 对；小叶纸质，椭圆形，先端急尖，基部圆，腹面榄绿色，背面苍白色，中脉具黄色密毛，侧脉 5 ～ 7 对，纤细，细脉网状；小叶柄密被黄褐色柔毛。花序顶生。荚果有梗，近菱形或长椭球形，压扁，顶端有小尖头，果瓣厚革质或木质，成熟时黑褐色或黑色，有光泽。种子种皮红色，坚硬，微有光泽；种脐长 3 ～ 3.5 mm，位于短轴一端。果期 6 ～ 11 月。

地理分布：广西、贵州、湖南、福建等地。

生境特点：生于山坡密林中。

资源现状：分布范围较广，分布零星，野生资源稀少，天然种群数量急剧下降。

濒危原因：过度砍伐，生境遭到破坏、退化或丧失，自然更新能力差。

保护价值：我国特有植物，具有重要的战略意义；珍贵的材用树种，是制作高级家具及美术工艺品的优良材料，材质特性、颜色与红木中的紫檀木十分相像，因此被誉为“广西紫檀”。

保护措施：加强就地保护，科学开展近地保护，加大野生资源本底调查及监测力度，开展人工繁育和种群回归；加强宣传教育，增强公众的保护意识。

豆科 Fabaceae

密花豆 鸡血藤、九层风

Spatholobus suberectus Dunn

保护等级	CITES 附录	IUCN 红色名录	极小种群物种	特有性
广西重点		VU		中国特有

形态特征：木质藤本。小叶片纸质或近革质，宽椭圆形、宽倒卵形至近圆形，先端骤缩为短尾状尖，背面脉腋间常有髯毛；小托叶钻状。圆锥花序腋生或生于小枝顶端，花序轴、花梗被黄褐色短柔毛，苞片和小苞片线形，宿存；花萼短小；花冠白色，旗瓣扁圆形，翼瓣斜楔状长圆形，龙骨瓣倒卵形且基部一侧具短尖耳垂；子房外面下部被糙伏毛。荚果近镰形，密被棕色短茸毛。种子扁长圆形，种皮紫褐色。花期 6 月，果期 11 ～ 12 月。

地理分布：广西、云南、广东、福建等地。

生境特点：生于山地疏林、密林沟谷或灌丛中。

资源现状：分布范围较广，分布零星，野生资源稀少，天然种群数量有下降趋势。

濒危原因：过度砍伐，生境遭到破坏、退化或丧失，自然更新能力差。

保护价值：我国特有植物，具有重要的战略意义；中药材“鸡血藤”的基原，藤茎可入药，具有活血补血、调经止痛、舒筋活络的功效。

保护措施：加强就地保护，开展野生资源调查、引种驯化、种苗繁育、回归保育等方面的研究；加强宣传教育，增强公众的保护意识。

豆科 Fabaceae

任豆 翅荚木、翅荚豆

Zenia insignis Chun

保护等级	CITES 附录	IUCN 红色名录	极小种群物种	特有性
		VU		

形态特征：乔木。小枝黑褐色，散生黄白色的小皮孔。叶长 25 ～ 45 cm；叶柄短，长约 3 ～ 5 cm；叶轴及叶柄多少被黄色微柔毛；小叶薄革质，长圆状披针形，腹面无毛，背面被灰白色的糙伏毛。圆锥花序顶生；花序梗及花梗均被黄色或棕色糙伏毛；花红色；苞片狭卵形；萼片厚膜质，长圆形，外面有糙伏毛；花瓣稍长于萼片。荚果长圆形或椭圆状长圆形，成熟时红棕色。种子圆形，种皮平滑，棕黑色。花期 5 月，果期 6 ～ 8 月。

地理分布：广西、广东等地。

生境特点：生于山地密林或疏林中。

资源现状：分布范围较窄，分布零星，野生资源较少，种群数量有下降趋势。

濒危原因：过度砍伐，生境遭到破坏、退化或丧失。

保护价值：石漠化治理的重要造林树种；树形美观，花果美丽，具有极高的观赏价值；对研究豆科的苏木亚科与蝶形花亚科之间的系统演化具有重要的科研价值。

保护措施：加强就地保护，开展人工扩繁栽培；加强宣传教育，增强公众的保护意识。

蕈树科 Altingiaceae

半枫荷 阿丁枫

Semiliquidambar cathayensis H. T. Chang

保护等级	CITES 附录	IUCN 红色名录	极小种群物种	特有性
广西重点		VU		中国特有

形态特征：常绿乔木。叶簇生于枝顶；叶片革质，异型，不分裂的叶片卵状椭圆形，先端渐尖，基部阔楔形或近圆形，腹面深绿色，有光泽，背面浅绿色，无毛；或为掌状 3 裂，两侧裂片卵状三角形，边缘有具腺锯齿；叶柄较粗壮。雄花的短穗状花序常数个排成总状式，雄花无花被，雄蕊多数，花丝极短；雌花头状花序单生，萼齿针形，有短柔毛，花序梗无毛。果序头状，有蒴果 20 多个；宿存萼齿比花柱短。花期 3 ～ 4 月，果期 9 ～ 10 月。

地理分布：广西、江西、贵州、广东等地。

生境特点：生于山地常绿阔叶林中或林缘。

资源现状：野生资源稀少，分布零散，天然种群数量有下降趋势。

濒危原因：过度砍伐，自然更新能力差。

保护价值：我国特有植物，具有重要的战略意义；其地上部分可入药，具有祛风除湿、活血散瘀的功效，可用于治疗风湿性关节炎等疾病。

保护措施：加强就地保护，科学开展近地保护，加大种质资源收集力度，开展人工繁育；加强宣传教育，增强公众的保护意识。

杨梅科 Myricaceae

青杨梅　青梅、杨梅树

Morella adenophora (Hance) J. Herb.

保护等级	CITES 附录	IUCN 红色名录	极小种群物种	特有性
		VU		中国特有

形态特征： 常绿灌木。小枝细瘦，密被毡毛及金黄色腺体。叶片薄革质，密生毡毛，叶片椭圆状倒卵形至短楔状倒卵形，先端尖或钝，基部楔形，幼时两面密被金黄色腺体，背面密被不易脱落的腺体。花雌雄异株；雄花序单生于叶腋，向上倾斜，呈单一穗状花序，雄花无小苞片，具 3 ～ 6 枚雄蕊；雌花序单生于叶腋，直立或向上倾斜，雌花常具 2 枚小苞片，子房近无毛。核果椭球形，成熟时红色或白色。花期 10 ～ 11 月，果期翌年 2 ～ 5 月。

地理分布： 广西、广东等地。

生境特点： 生于山坡或山谷疏林中。

资源现状： 野生资源稀少，天然种群数量有下降趋势。

濒危原因： 过度砍伐或采挖，生境遭到破坏、退化或丧失。

保护价值： 我国特有植物，具有重要的战略意义；果实为著名的特产水果，风味独特，营养价值高，还可入药，具有祛痰、解酒、止吐的功效；树冠茂密浓绿，是比较理想的绿化树种。

保护措施： 加强就地保护，科学开展近地保护，加大种质资源收集力度，开展人工繁育；加强宣传教育，增强公众的保护意识。

冬青科 Aquifoliaceae

苗山冬青

Ilex chingiana Hu et Tang

保护等级	CITES 附录	IUCN 红色名录	极小种群物种	特有性
				中国特有

形态特征：常绿乔木。小枝粗壮。叶生于1～3年生枝上；叶片厚革质，长圆状椭圆形，先端渐尖，基部钝，边缘具疏锯齿，两面绿色，背面色较淡；侧脉每边8～12条，于边缘附近网结，网状脉在腹面明显，在背面不明显；叶柄腹面具狭沟槽，背面具皱纹；托叶不明显。果少数簇生，每簇通常仅1枚果成熟；果球形，成熟时红色；分核4个，轮廓倒卵形，两侧面具网状条纹、皱及洼穴，内果皮石质。花期5月，果期8～11月。

地理分布：广西、湖南、贵州等地。

生境特点：生于山地阔叶林中。

资源现状：野生资源稀少，天然种群数量有下降趋势。

濒危原因：生境遭到破坏、退化或丧失，天然种群更新困难。

保护价值：我国特有植物，具有重要的战略意义。

保护措施：加强就地保护，加大野生资源本底调查及监测力度；加强宣传教育，增强公众的保护意识。

冬青科 Aquifoliaceae

长圆果冬青

Ilex guangxica Doweld

保护等级	CITES 附录	IUCN 红色名录	极小种群物种	特有性
		VU		广西特有

形态特征：常绿乔木。叶片革质，长圆状椭圆形或椭圆形，先端长渐尖或渐尖，边缘具疏离的细圆齿，背面具小腺体，侧脉 7～9 对，网结；叶柄无毛。果 2～4 个簇生于叶腋内，长圆形或倒卵状长圆形，成熟后红色，干时表面具沟槽；果梗被短柔毛，近基部具 2 枚小苞片；宿存花萼 4 裂，裂片阔三角形；分核 4 个，长圆状椭球形，凹入，具不规则的条纹及沟槽，有时具皱及洼穴，内果皮粗糙，石质。果期 12 月。

地理分布：广西。

生境特点：生于常绿阔叶林中。

资源现状：野生资源稀少，天然种群数量有下降趋势。

濒危原因：生境遭到破坏、退化或丧失，天然种群更新困难。

保护价值：我国特有植物，具有重要的战略意义；可作园林景观树、行道树、庭荫树等。

保护措施：加强就地保护，加大野生资源本底调查及监测力度；加强宣传教育，增强公众的保护意识。

茶茱萸科 Icacinaceae

定心藤 黄九牛

Mappianthus iodoides Hand.-Mazz.

保护等级	CITES 附录	IUCN 红色名录	极小种群物种	特有性
		VU		

形态特征：木质藤本。幼枝被黄褐色糙伏毛，老渐无毛，断面淡黄色。叶片长椭圆形，稀披针形，先端短渐尖、渐尖至尾状，背面干时常呈赭黄色或红褐色，网脉明显，呈蜂窝状；叶柄被黄褐色糙伏毛。花序梗和花萼外面均被黄褐色糙伏毛；花冠外面密被黄褐色糙伏毛，内面被短柔毛，裂片先端内折。核果橄榄状椭球形，疏被褐色短梗伏毛，成熟时为橙黄色至橙红色。花期 4 ～ 8 月，雌花较晚；果期 6 ～ 12 月。

地理分布：广西、广东、浙江、湖南、贵州、云南、福建、海南、香港等地。

生境特点：生于山谷疏林、密林或灌丛中。

资源现状：分布范围较广，种群数量较丰富，野生资源量较大，但有递减趋势。

濒危原因：生境遭到破坏、退化或丧失，自然更新能力差。

保护价值：瑶族老班药“铜钻”的基原，藤茎可入药，具有祛风除湿、消肿解毒的功效；现代药理学研究表明，定心藤在保护心血管、抗肿瘤、抗炎镇痛等方面具有一定功效。

保护措施：加强就地保护，开展人工扩繁及培育；加强宣传教育，增强公众的保护意识。

芸香科 Rutaceae

毛叶两面针

Zanthoxylum nitidum var. *tomentosum* Huang

保护等级	CITES 附录	IUCN 红色名录	极小种群物种	特有性
				广西特有

形态特征：小枝、叶轴均有颇多的短钩刺，小叶背面中脉上也有短刺。小叶革质，边缘全缘或近顶部有浅裂齿，叶缘常背卷；叶片长椭圆形，稀卵形，宽 3 ～ 5 cm，稀 6 ～ 8 cm，长为宽的 3 ～ 4 倍，基部近圆形，先端长渐尖；小叶柄长 1 ～ 3 mm；叶轴、小叶柄、小叶背面及花序轴均被略粗糙的短毛，叶脉上的毛较长。花序腋生；花 4 基数。分果瓣直径约 5 mm，红褐色，表面油点明显。果期 5 月。

地理分布：广西。

生境特点：生于山坡疏林、密林下或灌丛中。

资源现状：分布范围狭窄，种群数量较少，野生资源量有递减趋势。

濒危原因：生境遭到破坏、退化或丧失，自然更新能力差。

保护价值：我国特有的种质资源，具有重要的战略意义。

保护措施：加强就地保护，加大野生资源本底调查及监测力度；加强宣传教育，增强公众的保护意识。

楝科 Meliaceae

红椿　毛红椿、红楝子

Toona ciliata M. Roem.

保护等级	CITES 附录	IUCN 红色名录	极小种群物种	特有性
国家二级		VU		

形态特征： 大乔木。叶为偶数或奇数羽状复叶；小叶对生或近对生，纸质，长圆状卵形或披针形，先端尾状渐尖，边缘全缘；侧脉每边 12 ～ 18 条，在叶片背面凸起。圆锥花序顶生；花具短花梗；花萼短，5 裂，裂片钝，外面被微柔毛及睫毛；花瓣 5 枚，白色，长圆形，先端钝或具短尖，边缘具睫毛；雄蕊 5 枚；子房外面密被长硬毛，花柱无毛。蒴果长椭球形，木质，成熟时紫褐色。种子两端具翅。花期 4 ～ 6 月，果期 10 ～ 12 月。

地理分布： 广西、福建、湖南、广东、四川、云南、江苏、安徽、湖北、海南、江西、重庆、贵州、西藏等地。

生境特点： 生于低海拔沟谷林中或山坡疏林中。

资源现状： 野生资源分布较广，分布零星，资源量少，天然种群数量有下降趋势。

濒危原因： 过度砍伐，生境遭到破坏、退化或丧失，天然种群更新困难。

保护价值： 珍贵的速生材用树种，有“中国桃花心木”之称，具有很高的经济价值和开发前景；根皮可入药，具有清热燥湿、收涩、杀虫的功效。

保护措施： 加强就地保护，科学开展近地保护，加大种质资源收集力度，开展人工繁育；加强宣传教育，增强公众的保护意识。

无患子科 Sapindaceae

伞花木

Eurycorymbus cavaleriei (H. Lév.) Rehd. et Hand.-Mazz.

保护等级	CITES 附录	IUCN 红色名录	极小种群物种	特有性
国家二级				中国特有

形态特征： 落叶乔木。小枝被短茸毛。叶轴被皱曲柔毛；小叶 4 ～ 10 对，近对生，薄纸质，长圆状披针形或长圆状卵形，先端渐尖，基部阔楔形；侧脉纤细而密，约 16 对。花序半球状，稠密而具极多花，主轴和呈伞房状排列的分枝均被短茸毛；花芳香；萼片卵形，外面被短茸毛；花瓣外面被长柔毛；子房外面被茸毛。蒴果的发育果瓣长约 8 mm，宽约 7 mm，外面被茸毛。种子黑色，种脐朱红色。花期 5 ～ 6 月，果期 10 月。

地理分布： 广西、云南、贵州、重庆、湖南、江西、广东、福建、台湾等地。

生境特点： 生于山坡阔叶林中或林缘。

资源现状： 分布范围逐渐缩小，野生资源分布零散，天然种群数量有下降趋势。

濒危原因： 过度砍伐，生境遭到破坏、退化或丧失，天然种群更新困难。

保护价值： 我国特有植物，具有重要的战略意义；第三纪孑遗单种属植物，对研究我国南部及西南部的植物区系及无患子科的系统发育有重要的科学价值。

保护措施： 加强就地保护，科学开展近地保护，加大种质资源收集力度，开展人工繁育及种群回归；加强宣传教育，增强公众的保护意识。

叠珠树科 Akaniaceae

伯乐树　钟萼木

Bretschneidera sinensis Hemsl.

保护等级	CITES 附录	IUCN 红色名录	极小种群物种	特有性
国家二级				

形态特征： 乔木。叶为奇数羽状复叶，具小叶 7 ～ 15 片；小叶纸质或革质，狭椭圆形、菱状长圆形、长圆状披针形或卵状披针形，叶背粉绿色或灰白色；侧脉 8 ～ 15 对。花序梗、花梗、花萼外面均被棕色短茸毛；花淡红色；花萼内面有疏柔毛或无毛；花瓣阔匙形或倒卵楔形，内面有红色纵条纹；子房被白色的柔毛，花柱有柔毛。蒴果被棕褐色短柔毛或常混生疏的白色小柔毛。种子椭球形，表面平滑。花期 3 ～ 9 月，果期 5 月至翌年 4 月。

地理分布： 广西、四川、云南、贵州、广东、湖南、湖北、江西、浙江、福建等地。

生境特点： 生于低海拔至中海拔的山地林中。

资源现状： 分布范围较广，分布零星，野生资源稀少，天然种群数量有下降趋势。

濒危原因： 过度砍伐，生境遭到破坏、退化或丧失，天然种群更新困难。

保护价值： 第三纪古热带植物区系的孑遗种，在研究被子植物的系统发育及古地理、古气候等方面具有重要的科学价值；树皮可入药，具有祛风活血的功效。

保护措施： 加强就地保护，科学开展近地保护，加大种质资源收集力度，开展人工繁育及种群回归；加强宣传教育，增强公众的保护意识。

瘿椒树科 Tapisciaceae

瘿椒树 银鹊树

Tapiscia sinensis Oliv.

保护等级	CITES 附录	IUCN 红色名录	极小种群物种	特有性
广西重点				中国特有

形态特征： 落叶乔木。树皮灰黑色或灰白色；小枝无毛；芽卵形。叶为奇数羽状复叶，具小叶 5 ～ 9 片；小叶狭卵形或卵形，基部心形或近心形，边缘具锯齿，两面无毛或仅背面脉腋被毛，背面带灰白色，密被近乳头状白粉点。圆锥花序腋生；雄花与两性花异株，雄花序长约 25 cm，两性花的花序长约 10 cm，花小，黄色，有香气；两性花的花萼钟状，5 浅裂；花瓣 5，狭倒卵形；雄蕊 5；子房 1 室，花柱长过雄蕊。核果近球形或椭球形。花期 3 ～ 5 月，果期 5 ～ 6 月。

地理分布： 广西、浙江、安徽、湖北、湖南、广东、四川、云南、贵州等地。

生境特点： 生于山地林中。

资源现状： 野生资源分布范围较广，分布零星，野生资源稀少，天然种群数量有下降趋势。

濒危原因： 过度砍伐，生境遭到破坏、退化或丧失；天然种群更新困难。

保护价值： 我国特有植物，具有重要的战略意义；亦是古老的孑遗树种之一，对研究植物区系与省沽油科的系统发育有重要意义；根、果实可入药，具有解表、清热、祛湿的功效。

保护措施： 加强就地保护，科学开展近地保护；加强宣传教育，增强公众的保护意识。

胡桃科 Juglandaceae

喙核桃

Annamocarya sinensis (Dode) Leroy

保护等级	CITES 附录	IUCN 红色名录	极小种群物种	特有性
国家二级		EN	√	

形态特征：落叶乔木。幼枝紫褐色至灰褐色，无毛。叶为奇数羽状复叶，通常具小叶 7 ～ 9 片；小叶成长后近革质，边缘全缘，腹面深绿色，背面淡绿色，两面均无毛，具侧脉 17 ～ 20 对；侧生小叶对生，叶片长椭圆形至长椭圆状披针形，先端渐尖，基部楔形或钝；顶生小叶倒卵状披针形。花雌雄同株；雄花序下垂，常 5 ～ 9 条成一束生于花序梗上；雌性穗状花序直立，顶生，有 3 ～ 5 朵雌花。果近球形或卵状椭球形，顶端具尖头；果核球形或卵球形。花期 4 ～ 5 月，果期 8 ～ 11 月。

地理分布：广西、贵州、云南、台湾等地。

生境特点：生于山坡、山谷杂木林中。

资源现状：野生资源分布范围较广，分布零星，野生资源稀少，天然种群数量有下降趋势。

濒危原因：过度砍伐，生境遭到破坏、退化或丧失，天然种群更新困难。

保护价值：优良的材用树种；孑遗植物，对胡桃科系统发育研究具有重要价值；枝、叶可入药，具有杀虫、止痒的功效；果实可入药，具有滋润的功效。

保护措施：加强就地保护，科学开展近地保护，加大种质资源收集力度，开展人工繁育及种群回归；加强宣传教育，增强公众的保护意识。

胡桃科 Juglandaceae

青钱柳 摇钱树、青钱李

Cyclocarya paliurus (Batal.) Iljinsk.

保护等级	CITES 附录	IUCN 红色名录	极小种群物种	特有性
广西重点				中国特有

形态特征：乔木。枝条黑褐色且具灰黄色皮孔。叶为奇数羽状复叶，具小叶 7～9 片；小叶纸质，侧生小叶长椭圆状卵形至阔披针形，先端钝或急尖，基部歪斜；顶生小叶长椭圆形至长椭圆状披针形，基部楔形，先端钝或急尖；所有小叶边缘均具锐锯齿，腹面被腺体，背面网脉明显凸起，被灰色细小鳞片及盾状着生的黄色腺体。花雌雄同株；雄性柔荑花序 3 条或稀 2～4 条成一束，雌性柔荑花序单独顶生。果实扁球形，密被短柔毛。花期 4～6 月，果期 7～11 月。

地理分布：广西、安徽、江苏、浙江、江西、福建、台湾、湖北、湖南、四川、贵州、广东、云南等地。

生境特点：生于山坡、山谷杂木林中。

资源现状：野生资源分布范围较广，分布零星，野生资源稀少，天然种群数量有下降趋势。

濒危原因：过度砍伐，生境遭到破坏、退化或丧失，天然种群更新困难。

保护价值：我国特有植物，具有重要的战略意义；第三纪古热带植物区系的孑遗树种之一；集药用、保健、材用和观赏等多种价值于一身，被誉为“植物界的大熊猫”“医学界的第三棵树”。

保护措施：加强就地保护，科学开展近地保护，加大种质资源收集力度，开展人工繁育及种群回归；加强宣传教育，增强公众的保护意识。

蓝果树科 Nyssaceae

喜树 旱莲木

Camptotheca acuminata Decne.

保护等级	CITES 附录	IUCN 红色名录	极小种群物种	特有性
			√	中国特有

形态特征：落叶乔木。叶互生；叶片纸质，矩圆状卵形或矩圆状椭圆形，先端短锐尖，基部近圆形或阔楔形，边缘全缘，腹面亮绿色，背面淡绿色，疏生短柔毛，叶脉上的毛更密。花杂性，同株；头状花序近球形，顶生或腋生，通常上部为雌花序，下部为雄花序；花萼杯状，5 浅裂；花瓣 5 枚，淡绿色，外面密被短柔毛；雄蕊 10 枚，外轮 5 枚较长；子房下位，花柱无毛。翅果矩圆形，顶端具宿存的花盘，两侧具窄翅。花期 5～7 月，果期 9 月。

地理分布：广西、江苏、浙江、福建、江西、湖北、湖南、四川、贵州、广东、云南等地。

生境特点：常生于海拔 1000 m 以下的林边或溪边。

资源现状：野生资源分布范围较广，但分布零星。

濒危原因：生境遭到破坏、退化或丧失，天然种群更新困难。

保护价值：我国特有植物，具有重要的战略意义；优良的观赏及绿化树种，因生长迅速，亦是优良的造林树种；成熟果实可入药，具有抗癌、散结、破血化瘀的功效。

保护措施：加强就地保护，科学开展近地保护；加强宣传教育，增强公众的保护意识。

蓝果树科 Nyssaceae

马蹄参 大果五加

Diplopanax stachyanthus Hand.-Mazz.

保护等级	CITES 附录	IUCN 红色名录	极小种群物种	特有性
广西重点				

形态特征： 乔木。枝暗棕色，有长圆形皮孔。叶片革质，倒卵状披针形或倒卵状长圆形，先端短尖，基部狭楔形，腹面亮绿色，背面灰绿色；侧脉 6～11 对；叶柄粗壮，无毛。穗状圆锥花序单生；花序上部的花单生，无花梗，下部的花排成伞形花序；伞形花序有花 3～5 朵；花萼外面密生短柔毛，顶部有 5 个三角形尖齿；花瓣 5 枚，外面有短柔毛；雄蕊 10 枚，其中 5 枚常不育；子房 1 室，花柱圆锥状。果实长圆柱状卵形或卵形。花期 6～7 月，果期 11 月。

地理分布： 广西、贵州、广东、海南、湖南、云南等地。

生境特点： 生于中海拔山坡或沟谷林中。

资源现状： 野生资源分布范围较广，分布零星，野生资源稀少，天然种群数量有下降趋势。

濒危原因： 过度砍伐，生境遭到破坏、退化或丧失，天然种群更新困难。

保护价值： 古老的孑遗植物，对研究五加科、山茱萸科植物的系统发育和形态演化具有重要意义，对研究古地理、古气候亦具有重要科学价值。

保护措施： 加强就地保护，科学开展近地保护，加大种质资源收集力度，开展人工繁育及种群回归；加强宣传教育，增强公众的保护意识。

五加科 Araliaceae

刚毛白簕

Eleutherococcus setosus (H. L. Li) Y. R. Ling

保护等级	CITES 附录	IUCN 红色名录	极小种群物种	特有性
				中国特有

形态特征：灌木。枝软弱铺散，常依持他物上升；老枝灰白色，新枝黄棕色，疏生下向刺。小叶5片；小叶片纸质，通常较长，先端长渐尖，腹面脉上刚毛较多，边缘的锯齿具长刚毛；侧脉5～6对。伞形花序3～10个，多数有花；花序梗无毛；花梗细长，无毛；花黄绿色；萼无毛，顶部有5个三角形小齿；花瓣5枚，三角状卵形，开花时反曲；雄蕊5枚；子房2室；花柱2个。果实扁球形，成熟时黑色。花期8～11月，果期9～12月。

地理分布：广西、云南、贵州、湖南、江西、广东、福建、台湾等地。

生境特点：生于山坡林荫下或林缘湿润地。

资源现状：野生资源分布范围较广，但分布零星，野生资源量少，天然种群数量有下降趋势。

濒危原因：生境遭到破坏、退化或丧失，天然种群更新困难。

保护价值：我国特有植物，具有重要的战略意义。

保护措施：加强就地保护，加大野生资源本底调查及监测力度；加强宣传教育，增强公众的保护意识。

五加科 Araliaceae

通脱木 通草

Tetrapanax papyrifer (Hook.) K. Koch

保护等级	CITES 附录	IUCN 红色名录	极小种群物种	特有性
				中国特有

形态特征： 常绿灌木或小乔木。茎粗壮，无刺，有明显的叶痕和皮孔，幼时密生黄色星状茸毛，后期毛渐脱落。叶簇生茎顶；叶片掌状 5 ～ 11 裂，腹面无毛，背面密生白色厚茸毛，边缘全缘或疏生粗齿。圆锥花序长 50 cm 以上；花萼顶部全缘或近全缘，外面密生白色星状茸毛；花瓣 4 枚，稀 5 枚，外面密生星状厚茸毛；雄蕊和花瓣同数；花柱 2 枚，离生，先端反曲。果实球形，成熟时紫黑色。花期 10 ～ 12 月，果期翌年 1 ～ 2 月。

地理分布： 广西、广东、陕西、安徽、浙江、江西、湖南、湖北、四川、贵州、云南、福建、台湾等地。

生境特点： 生于山坡、沟谷湿润肥沃处。

资源现状： 分布范围较广，种群数量较丰富，野生资源量较大，但有递减趋势。

濒危原因： 过度采挖，生境遭到破坏、退化或丧失。

保护价值： 我国特有植物，具有重要的战略意义；瑶族老班药“鹞鹰风”的基原；茎髓为中药“通草”，具有清热利尿、通气下乳的功效。

保护措施： 加强就地保护，开展人工扩繁及培育；加强宣传教育，增强公众的保护意识。

杜鹃花科 Ericaceae

灯笼树

Enkianthus chinensis Franch.

保护等级	CITES 附录	IUCN 红色名录	极小种群物种	特有性
				中国特有

形态特征：落叶灌木或小乔木。幼枝无毛。叶常簇生枝顶；叶片长圆形至长圆状椭圆形，先端钝尖，具短凸尖头，基部宽楔形或楔形，边缘具钝锯齿，两面无毛，中脉在腹面下凹；叶柄具槽，无毛。花多数排成伞形花序状总状花序；花梗纤细，长 2.5 ～ 4 cm，无毛；花下垂；花冠阔钟状，肉红色，口部 5 浅裂；子房球形，外面具 5 纵纹，疏被白色短毛。蒴果卵球形，成熟时室背开裂为 5 果瓣。花期 5 月，果期 6 ～ 10 月。

地理分布：广西、广东、安徽、浙江、江西、湖南、湖北、四川、贵州、云南、福建等地。

生境特点：生于山坡疏林中或林缘。

资源现状：分布范围较广，野生资源较丰富，但天然种群数量有下降趋势。

濒危原因：气候变化，生境遭到破坏、退化或丧失。

保护价值：我国特有植物，具有重要的战略意义；具有极高的观赏、经济价值，开发利用前景广阔。

保护措施：加强就地保护，科学开展近地保护和迁地保护；加强宣传教育，增强公众的保护意识。

杜鹃花科 Ericaceae

大橙杜鹃

Rhododendron dachengense G. Z. Li

保护等级	CITES 附录	IUCN 红色名录	极小种群物种	特有性
				广西特有

形态特征： 常绿灌木。枝暗灰色，具宿存的芽鳞。叶片革质，椭圆状长圆形，腹面深绿色，背面密被有分支的锈色毡毛；叶脉在叶腹面凹陷，在背面隆起并为毡毛所覆盖。短总状伞形花序顶生；花萼小，萼裂片波状三角形，外面密被锈黄色茸毛；花冠淡紫红色至白色，钟状，5～7 裂，裂片半圆形，上方中裂片内面有淡红色斑点；雄蕊 10～13 枚，花药橙红色，花丝白色；子房圆锥形，外面密被锈色茸毛。花期 5 月。

地理分布： 广西。

生境特点： 生于山顶、山坡边缘及悬崖边灌丛或林缘。

资源现状： 野生资源分布范围狭窄，分布零星，野生资源稀少，天然种群数量有下降趋势。

濒危原因： 气候变化，生境遭到破坏、退化或丧失，天然种群更新困难。

保护价值： 我国特有植物，具有重要的战略意义；具有极高的观赏、药用和经济价值，开发利用前景广阔。

保护措施： 加强就地保护，科学开展近地保护和迁地保护，加大种质资源收集力度；加强生物学特性研究，开展人工繁育及种群回归；加强宣传教育，增强公众的保护意识。

杜鹃花科 Ericaceae

圣堂杜鹃

Rhododendron dachengense var. *scopulum* G. Z. Li

保护等级	CITES 附录	IUCN 红色名录	极小种群物种	特有性
				大瑶山特有

形态特征：常绿灌木。叶片厚革质，长圆状倒卵形至狭长圆形，先端钝，基部楔形或狭楔形，腹面深绿色，具不明显的糠秕状疏茸毛，背面被锈色茸毛层；中脉在腹面凹陷，在背面明显隆起，疏被锈色茸毛，侧脉在腹面微凹陷，在背面被茸毛覆盖。短总状伞形花序有花 2 ～ 5 朵；花梗被茸毛；花萼小，疏被茸毛；花冠阔钟状，开放后白色；雄蕊 10 枚，不等长；子房圆锥形，外面密被锈色短茸毛，柱头头状。花期 4 ～ 5 月。

地理分布：广西。

生境特点：生于海拔 1200 ～ 1700 m 的悬崖边灌丛或石缝中。

资源现状：分布范围狭窄，分布零星，野生资源稀少，天然种群数量有下降趋势。

濒危原因：气候变化，生境遭到破坏、退化或丧失，天然种群更新困难。

保护价值：我国特有植物，具有重要的战略意义；具有极高的观赏、药用和经济价值，开发利用前景广阔。

保护措施：加强就地保护，科学开展近地保护和迁地保护，加大种质资源收集力度；加强生物学特性研究，开展人工繁育及种群回归；加强宣传教育，增强公众的保护意识。

杜鹃花科 Ericaceae

桂海杜鹃

Rhododendron guihainianum G. Z. Li

保护等级	CITES 附录	IUCN 红色名录	极小种群物种	特有性
		VU		大瑶山特有

形态特征：乔木。叶常簇生于小枝顶；叶片厚革质，长圆状椭圆形至倒披针状椭圆形，先端急尖并具小尖头，基部阔楔形，边缘全缘，腹面绿色，背面浅绿色，两面均无毛；叶柄腹面具沟槽。花 5～8 朵排成顶生总状伞形花序；花梗直立，无毛；花萼盘状，边缘波状浅裂；花冠阔钟状，白色或粉红色，内面基部被柔毛，裂片 5 枚，内面具紫红色斑点；雄蕊 12～16 枚，花丝白色，花药长圆柱状椭球形；子房长圆柱状卵球形。花期 4 月。

地理分布：广西。

生境特点：生于海拔 1100～1400 m 山谷的常绿阔叶林中。

资源现状：野生资源分布范围狭窄，分布零星，野生资源稀少，天然种群数量有下降趋势。

濒危原因：气候变化，生境遭到破坏、退化或丧失，天然种群更新困难。

保护价值：我国特有植物，具有重要的战略意义；具有极高的观赏、药用和经济价值，开发利用前景广阔。

保护措施：加强就地保护，科学开展近地保护和迁地保护，加大种质资源收集力度；加强生物学特性研究，开展人工繁育及种群回归；加强宣传教育，增强公众的保护意识。

杜鹃花科 Ericaceae

金秀杜鹃

Rhododendron jinxiuense Fang et M. Y. He

保护等级	CITES 附录	IUCN 红色名录	极小种群物种	特有性
				大瑶山特有

形态特征：灌木。小枝密生或长或短的硬毛和腺毛。叶片厚革质，卵形或长卵形，稀椭圆形，先端尖或锐尖，基部圆形或近于圆形，腹面深绿色，背面灰褐色，仅沿中脉被刚毛；侧脉 9 ～ 11 对；叶柄密被刚毛和腺毛。伞形花序顶生，有花 5 ～ 6 朵；花梗密被深棕褐色硬毛和腺毛；花萼裂片三角状卵形，外面具刚毛和腺毛，边缘具睫毛；花冠漏斗状，紫红色，花冠筒圆筒状；雄蕊 5 枚，近于等长，伸出花冠外；子房卵球形。花期 5 ～ 6 月。

地理分布：广西。

生境特点：生于海拔约 1000 m 的山坡疏林或灌丛中。

资源现状：野生资源分布范围狭窄，分布零星，野生资源稀少，天然种群数量有下降趋势。

濒危原因：气候变化，生境遭到破坏、退化或丧失，天然种群更新困难。

保护价值：我国特有植物，具有重要的战略意义；具有极高的观赏、药用和经济价值，开发利用前景广阔。

保护措施：加强就地保护，科学开展近地保护和迁地保护，加大种质资源收集力度；加强生物学特性研究，开展人工繁育及种群回归；加强宣传教育，增强公众的保护意识。

杜鹃花科 Ericaceae

百合花杜鹃

Rhododendron liliiflorum H. Lév.

保护等级	CITES 附录	IUCN 红色名录	极小种群物种	特有性
				中国特有

形态特征：灌木或乔木。幼枝无毛，被鳞片。叶片革质，长圆形，先端钝圆，基部楔形、钝形或圆形，背面粉绿色，被大小不等的红褐色鳞片；叶柄被鳞片。花序顶生，伞形，有 2 ～ 3 朵花；花梗长 1.2 ～ 1.6 cm，密被鳞片；花萼 5 裂，萼裂片外面被鳞片或仅基部有鳞片；花冠芳香，钟状，白色，外面密被鳞片，5 裂，裂片全缘；雄蕊 10 枚，较花冠短，花丝下部 1/3 密被毛；花柱略短于花冠，下半部被较密的鳞片。花期 5 月，果期 10 月。

地理分布：广西、湖南、贵州、云南等地。

生境特点：生于山坡、山顶疏林或灌丛中。

资源现状：分布范围较广，种群数量较少，野生资源量有递减趋势。

濒危原因：生境遭到破坏、退化或丧失，自然更新能力差。

保护价值：我国特有植物，具有重要的战略意义；花朵美丽，花色洁白，具有极高的观赏价值。

保护措施：加强就地保护，加大野生资源本底调查及监测力度；加强宣传教育，增强公众的保护意识。

杜鹃花科 Ericaceae

羊踯躅 黄杜鹃、闹羊花

Rhododendron molle (Blume) G. Don

保护等级	CITES 附录	IUCN 红色名录	极小种群物种	特有性
		VU		中国特有

形态特征：落叶灌木。叶片纸质，长圆形至长圆状披针形，边缘具睫毛，背面密被灰白色柔毛，沿中脉被黄褐色刚毛，中脉和侧脉凸出。总状伞形花序顶生，花多达 13 朵；花萼裂片小，圆齿状，外面被微柔毛和刚毛状睫毛；花冠阔漏斗状，黄色或金黄色，内面有深红色斑点，裂片 5 枚；雄蕊 5 枚，花丝扁平；子房圆锥形，外面密被灰白色柔毛及疏刚毛。蒴果圆锥状长圆柱形，外面具 5 条纵肋，被微柔毛和疏刚毛。花期 3～5 月，果期 7～8 月。

地理分布：广西、江苏、安徽、浙江、江西、福建、河南、湖北、湖南、广东、四川、贵州、云南等地。

生境特点：生于山谷或山坡灌丛中。

资源现状：野生资源分布范围较广，分布零星，野生资源稀少，天然种群数量有下降趋势。

濒危原因：气候变化，生境遭到破坏、退化或丧失，天然种群更新困难。

保护价值：我国特有植物，具有重要的战略意义；具有极高的观赏、药用和经济价值，开发利用前景广阔。

保护措施：加强就地保护，科学开展近地保护和迁地保护；加强生物学特性研究，开展人工繁育及种群回归；加强宣传教育，增强公众的保护意识。

杜鹃花科 Ericaceae

稀果杜鹃

Rhododendron oligocarpum Fang et X. S. Zhang

保护等级	CITES 附录	IUCN 红色名录	极小种群物种	特有性
				中国特有

形态特征： 灌木或小乔木。叶片长圆状椭圆形，稀倒卵状椭圆形，先端钝圆并有突尖头，基部圆形，稀近浅心形，边缘反卷，中脉在腹面稍凹下，在背面凸出，在近基部被褐色柔毛；侧脉13～15对；叶柄疏被褐色粗伏毛。顶生短总状伞形花序，有花3～4朵；花序总轴长5～6 mm，被稀疏的微柔毛；花冠钟状，紫红色至粉红色，内面基部有深紫红色斑块；雄蕊10枚，不等长，花丝下部被白色微柔毛。花期4～5月，果期9～10月。

地理分布： 广西、贵州等地。

生境特点： 生于山顶灌丛或疏林中。

资源现状： 分布范围狭窄，分布零星，野生资源稀少，天然种群数量有下降趋势。

濒危原因： 气候变化，生境遭到破坏、退化或丧失，天然种群更新困难。

保护价值： 我国特有植物，具有重要的战略意义；具有极高的观赏、药用和经济价值，开发利用前景广阔。

保护措施： 加强就地保护，科学开展近地保护和迁地保护，加大种质资源收集力度，加强生物学特性研究，开展人工繁育及种群回归；加强宣传教育，增强公众的保护意识。

杜鹃花科 Ericaceae

长圆团叶杜鹃

Rhododendron orbiculare subsp. *oblongum* W. K. Hu

保护等级	CITES 附录	IUCN 红色名录	极小种群物种	特有性
				广西特有

形态特征：常绿灌木，稀小乔木。幼枝无毛；顶生冬芽卵形至阔卵形，被稀疏的微柔毛。叶片厚革质，常 3 ～ 5 片在枝顶近于轮生，长圆形，基部浅至深心形，背面有微柔毛，后期毛脱净；叶柄圆柱形，长 3 ～ 7 cm，淡绿色，有时带紫红色，近于光滑或有少数腺体。顶生伞房花序疏松，有花 7 ～ 8 朵；花冠钟状，裂片 6 ～ 7 枚，红蔷薇色或白色，无毛；花丝白色，无毛；花柱密被短柄腺体。花期 4 ～ 5 月。

地理分布：广西。

生境特点：生于山坡、山顶疏林或灌丛中。

资源现状：分布范围狭窄，种群数量较少，野生资源量有递减趋势。

濒危原因：生境遭到破坏、退化或丧失，自然更新能力差。

保护价值：我国特有植物，具有重要的战略意义；花朵美丽，花色洁白，具有极高的观赏价值。

保护措施：加强就地保护，加大野生资源本底调查及监测力度；加强宣传教育，增强公众的保护意识。

杜鹃花科 Ericaceae

网脉越橘 粗脉乌饭树

Vaccinium crassivenium Sleumer

保护等级	CITES 附录	IUCN 红色名录	极小种群物种	特有性
				大瑶山特有

形态特征：常绿小灌木。分枝细长。叶散生；叶片薄革质，长圆状披针形，先端渐尖，基部宽楔形，边缘全缘，近基部两侧各有 1 ～ 2 个腺体，叶两面无毛，中脉及网脉在两面均明显隆起；叶柄细长，无毛。总状花序腋生和顶生，细长，无毛；苞片披针形，边缘有细齿；花梗上部与萼筒交界处明显有关节；萼筒无毛，萼齿三角形；花冠白色；花丝扁平，被锈褐色微毛。浆果假 10 室。花期 4 ～ 5 月，果期 6 月。

地理分布：广西。

生境特点：生于海拔约 1000 m 的峭壁上。

资源现状：野生资源分布范围狭窄，分布零星，野生资源稀少，天然种群数量有下降趋势。

濒危原因：生境遭到破坏、退化或丧失，天然种群更新困难。

保护价值：我国特有植物，具有重要的战略意义。

保护措施：加强就地保护，开展野生资源的植物学、生态学、遗传学、生物化学等方面的研究，开展人工繁殖及种群回归；加强宣传教育，增强公众的保护意识。

杜鹃花科 Ericaceae

椭圆叶越橘

Vaccinium pseudorobustum Sleumer

保护等级	CITES 附录	IUCN 红色名录	极小种群物种	特有性
				中国特有

形态特征： 常绿攀缘状灌木。枝条粗壮，有纵棱，幼枝带红色，老枝灰色，无毛。叶散生；叶片革质，椭圆形至卵状长圆形，先端渐尖成短尾状或短急尖，基部宽楔形并下延至叶柄，两侧各有 2 个腺体，边缘全缘；侧脉 4 ～ 7 对；叶柄无毛。总状花序腋生；花序轴较粗，有纵棱，无毛；苞片早落；花梗粗壮；萼筒无毛，萼齿三角形；花冠绿白色，钟状，裂片三角形，上部反卷；花丝被短柔毛，药管细长。浆果球形。果期 7 ～ 8 月。

地理分布： 广西、广东、云南等地。

生境特点： 生于山坡疏林、密林下或灌丛中。

资源现状： 分布零星，野生资源稀少，天然种群数量有下降趋势。

濒危原因： 生境遭到破坏、退化或丧失，天然种群更新困难。

保护价值： 我国特有植物，具有重要的战略意义。

保护措施： 加强就地保护，开展野生资源的植物学、生态学、遗传学、生物化学等方面的研究，开展人工繁殖及种群回归；加强宣传教育，增强公众的保护意识。

杜鹃花科 Ericaceae

瑶山越橘　大叶瑶山越橘

Vaccinium yaoshanicum Sleumer

保护等级	CITES 附录	IUCN 红色名录	极小种群物种	特有性
				中国特有

形态特征：常绿灌木或乔木。叶片薄革质，披针形或长圆状披针形，边缘全缘并疏生小腺体，两面无毛，侧脉在腹面不明显，连同中脉在背面凸起；叶柄无毛。总状花序腋生；花梗与萼筒交界处有一关节，无毛；萼筒无毛，萼齿三角形且边缘被少数短纤毛；花冠白色，钟状，口部张开，5 裂达中部，裂片卵状三角形；雄蕊 10 枚，短于花冠，花丝被微柔毛；花柱比雄蕊略长，不伸出花冠外。浆果球形，成熟时紫黑色。花期 6 月，果期 7 ～ 11 月。

地理分布：广西、广东等地。

生境特点：生于海拔 960 ～ 1110 m 的山坡林中或灌丛中。

资源现状：分布零星，野生资源稀少，天然种群数量有下降趋势。

濒危原因：生境遭到破坏、退化或丧失，天然种群更新困难。

保护价值：我国特有植物，具有重要的战略意义。

保护措施：加强就地保护，开展野生资源的植物学、生态学、遗传学、生物化学等方面的研究，开展人工繁殖及种群回归；加强宣传教育，增强公众的保护意识。

水晶兰科 Monotropaceae

水晶兰

Monotropa uniflora L.

保护等级	CITES 附录	IUCN 红色名录	极小种群物种	特有性
		VU		

形态特征：多年生草本，腐生。全株无叶绿素，白色，肉质，干后变黑褐色。茎直立，不分枝。叶鳞片状，互生；叶片长圆形、狭长圆形或宽披针形，先端钝头，无毛或上部叶稍有毛，边缘近全缘。花单一，顶生；苞片、萼片均呈鳞片状，早落；花瓣 5 ～ 6 枚，离生；雄蕊 10 ～ 12 枚；花盘 10 齿裂；子房具中轴胎座，5 室；花柱柱头膨大成漏斗状。蒴果椭球形，直立。花期 8 ～ 9 月，果期 9 ～ 11 月。

地理分布：广西、山西、陕西、甘肃、青海、浙江、安徽、台湾、湖北、江西、云南、四川、贵州、西藏等地。

生境特点：生于山地林下。

资源现状：分布范围广，分布零散，天然种群数量有下降趋势。

濒危原因：气候变化，生境遭到破坏、退化或丧失，天然种群更新困难。

保护价值：全株晶莹洁白，无叶绿素，是一种珍贵的腐生花卉；全草可入药，具有补虚止咳的功效；根亦可入药，具有补虚强身的功效。

保护措施：加强就地保护，加强生物学特性研究；加强宣传教育，增强公众的保护意识。

山榄科 Sapotaceae

紫荆木 木花生

Madhuca pasquieri (Dubard) H. J. Lam

保护等级	CITES 附录	IUCN 红色名录	极小种群物种	特有性
国家二级		VU	√	

形态特征：大乔木。树皮灰黑色，具乳汁。叶互生或散生于枝顶；叶片革质，倒卵形或倒卵状长圆形，两面无毛，中脉在叶两面均凸起；叶柄细，被锈色或灰色短柔毛。花数朵簇生叶腋，花梗被锈色或灰色短柔毛；花萼 4 裂，萼裂片卵形，外面和内面的上部均被灰色或锈色茸毛；花冠黄绿色。果椭球形或球形，基部具宿萼，顶端具宿存的花柱；果皮肥厚。花期 7 ～ 9 月，果期 10 月至翌年 1 月。

地理分布：广西、广东、云南等地。

生境特点：生于山坡林中或山地林缘。

资源现状：分布范围较广，野生种群规模小，天然种群数量有下降趋势。

濒危原因：过度砍伐，生境遭到破坏、退化或丧失，天然种群更新困难。

保护价值：广西“四大硬木”之一，珍贵的材用树种；具有极高的药用价值，根可入药，用于治疗风湿性心脏病。

保护措施：加强就地保护，开展近地保护，加大野生资源本底调查及监测力度；加强野生资源的生物学研究，开展人工扩繁和种群回归；加强宣传教育，增强公众的保护意识。

报春花科 Primulaceae

走马胎 大叶紫金牛

Ardisia gigantifolia Stapf

保护等级	CITES 附录	IUCN 红色名录	极小种群物种	特有性
广西重点		VU		

形态特征：大灌木或半灌木。茎粗壮。叶片较大，膜质，椭圆形至倒卵状披针形，基部下延至叶柄成狭翅，边缘具密啮蚀状细齿，腺点在叶两面隆起。花序较大，由多个亚伞形花序排成大型的金字塔状或总状圆锥花序，每亚伞形花序有花 9 ～ 15 朵；花萼仅基部连合；花瓣白色或粉红色，具疏腺点；雄蕊为花瓣长的 2/3 ；雌蕊与花瓣几等长。果球形，成熟时红色，无毛。花期 4 ～ 6 月或 2 ～ 3 月，果期 11 ～ 12 月或 2 ～ 6 月。

地理分布：广西、云南、广东、江西、福建等地。

生境特点：生于海拔 1300 m 以下的山谷、山坡常绿阔叶林下、灌丛中或阴湿处。

资源现状：分布范围较广，野生种群规模小，天然种群数量有下降趋势。

濒危原因：过度采挖，生境遭到破坏、退化或丧失，天然种群更新困难。

保护价值：瑶族老班药“血风”的基原，根及根状茎均可入药，具有祛风活络、消肿止痛、生肌止血的功效；现代药理学研究表明，其具有抗肿瘤活性；亦具有观赏价值。

保护措施：加强就地保护，开展人工扩繁、培育、引种驯化等方面的研究；加强宣传教育，增强公众的保护意识。

报春花科 Primulaceae

心叶紫金牛 红云草

Ardisia maclurei Merr.

保护等级	CITES 附录	IUCN 红色名录	极小种群物种	特有性
		VU		

形态特征：半灌木。具匍匐茎；直立茎幼时密被锈色长柔毛。叶互生，稀近轮生；叶片长圆状椭圆形或椭圆状倒卵形，基部心形，两面均被疏柔毛。亚伞形花序近顶生，被锈色长柔毛，有花3～6朵，每植株有花序1～2个；花萼仅基部连合，被锈色长柔毛，萼裂片披针形，具缘毛，无腺点；花瓣淡紫色或红色，卵形；雌蕊与花瓣几乎等长，子房球形，无毛。果球形，成熟时暗红色。花期5～6月，果期12月至翌年3月。

地理分布：广西、广东、贵州、海南等地。

生境特点：生于常绿阔叶林下、溪边或岩石缝积土中。

资源现状：分布范围较广，种群数量较少，野生资源量有递减趋势。

濒危原因：过度采挖，生境遭到破坏、退化或丧失。

保护价值：瑶族老班药“走马风”的基原，具有止咳化痰、凉血止血、祛风通痹、解毒消肿、利水渗湿的功效。

保护措施：加强就地保护，开展人工扩繁及培育；加强宣传教育，增强公众的保护意识。

报春花科 Primulaceae

灵香草 香草、广灵香

Lysimachia foenum-graecum Hance

保护等级	CITES 附录	IUCN 红色名录	极小种群物种	特有性
				中国特有

形态特征：多年生草本。茎上升或近直立，草质，具纵棱。叶互生；叶片广卵形至椭圆形，先端锐尖或稍钝，具短骤尖头，基部渐狭或阔楔形，干时叶两面密布极不明显的下陷小点和稀疏的褐色无柄腺体；侧脉 3 ～ 4 对，网脉通常不明显；叶柄具狭翅。花单出腋生；花梗长 2.5 ～ 4 cm；花萼裂片卵状披针形或披针形；花冠黄色。蒴果近球形，成熟时灰白色，不开裂或顶端浅裂。花期 5 月，果期 8 ～ 9 月。

地理分布：广西、广东、云南、湖南等地。

生境特点：生于海拔 800 ～ 1700 m 的山谷溪边和林下的腐殖质土壤中。

资源现状：分布范围较广，分布零星，资源量较丰富，天然种群数量有下降趋势。

濒危原因：过度采挖，生境遭到破坏、退化或丧失。

保护价值：我国特有的种质资源，具有重要的战略意义；全草可入药，素有“香王之称”，是一种名贵的中药材和天然香料，广泛应用于食品、医药、烟草、纺织、日用化工等行业；株形丰满美观，可作盆栽观赏。

保护措施：加强就地保护，加大野生资源本底调查及监测力度；加强宣传教育，增强公众的保护意识。

安息香科 Styracaceae

银钟花 银钟树、山杨桃

Perkinsiodendron macgregorii (Chun) P. W. Fritsch

保护等级	CITES 附录	IUCN 红色名录	极小种群物种	特有性
广西重点		NT		中国特有

形态特征： 乔木。叶片纸质，椭圆形、长椭圆形或卵状椭圆形，先端渐尖或钝渐尖，基部楔形，稀近圆形，边缘有锯齿；主脉在叶腹面凹陷，在背面隆起，侧脉纤细，网脉细密。花白色，簇生于上年小枝的叶腋；花梗纤细；萼筒倒圆锥状，萼齿三角状披针形；花冠 4 深裂；雄蕊 8 枚；花柱较花冠长，无毛。核果长椭球形或椭球形，成熟时黄绿色，干燥后呈褐红色。花期 4 月，果期 7 ～ 10 月。

地理分布： 广西、福建、湖南、浙江、江西等地。

生境特点： 生于海拔 700 ～ 1200 m 的山坡、山谷较阴湿的密林中。

资源现状： 分布范围较广，分布零散，资源量较少，天然种群数量有下降趋势。

濒危原因： 生境遭到破坏、退化或丧失，天然种群更新困难。

保护价值： 我国特有的种质资源，具有重要的战略意义；对研究我国及北美植物区系、植物地理等有一定的科学价值；亦为优良的绿化观赏和材用树种。

保护措施： 加强就地保护，加大野生资源本底调查及监测力度；加强宣传教育，增强公众的保护意识。

安息香科 Styracaceae

白辛树 裂叶白辛树

Pterostyrax psilophyllus Diels ex Perkins

保护等级	CITES 附录	IUCN 红色名录	极小种群物种	特有性
		NT		中国特有

形态特征：乔木。树皮灰褐色，呈不规则开裂；嫩枝被星状毛。叶片硬纸质，长椭圆形、倒卵形或倒卵状长圆形，基部楔形，边缘具细锯齿，先端常有粗齿或 3 深裂，背面密被灰色星状茸毛。圆锥花序顶生或腋生；花序梗、花梗和花萼均密被黄色星状茸毛；花白色；花萼钟状，顶部渐尖；花瓣长椭圆形或椭圆状匙形；雄蕊 10 枚。果近纺锤形，密被疏展、丝质的灰黄色长硬毛。花期 4 ～ 5 月，果期 8 ～ 10 月。

地理分布：广西、湖南、湖北、四川、贵州等地。

生境特点：生于山地林中或山坡林缘。

资源现状：分布范围较广，资源量较丰富，天然种群数量有下降趋势。

濒危原因：过度砍伐，生境遭到破坏、退化或丧失。

保护价值：我国特有的种质资源，具有重要的战略意义；生长迅速，可作为低湿地造林或护堤树种；亦可作为优良材用和庭园绿化树种；根皮可入药，具有散瘀的功效。

保护措施：加强就地保护；加强宣传教育，增强公众的保护意识。

夹竹桃科 Apocynaceae

尖山橙 石芽枫

Melodinus fusiformis Champ. ex Benth.

保护等级	CITES 附录	IUCN 红色名录	极小种群物种	特有性
				中国特有

形态特征：木质藤本。植株具乳汁；幼枝、嫩叶、叶柄、花序均被短柔毛，老渐无毛。叶片椭圆形或长椭圆形，中脉在叶腹面扁平，在背面略为凸起；侧脉约 15 对，向上斜升到叶缘网结。聚伞花序生于侧枝的顶端，着花 6～12 朵；花序梗、花梗、苞片、小苞片、花萼和花冠均疏被短柔毛；花冠白色，花冠裂片偏斜不正；副花冠呈鳞片状在花冠喉处稍微伸出，鳞片先端 2～3 裂。浆果椭球形，成熟时橙红色。花期 5～8 月，果期 7～12 月。

地理分布：广西、广东、四川、贵州、云南、香港等地。

生境特点：生于海拔 300～1400 m 的山地疏林下或山坡灌丛中。

资源现状：分布范围较广，种群数量较丰富，野生资源量较大，但有递减趋势。

濒危原因：生境遭到破坏、退化或丧失，自然更新能力差。

保护价值：我国特有的种质资源，具有重要的战略意义；亦是瑶族老班药“橙九牛”的基原，全株可入药，具有祛风湿、活血的功效。

保护措施：加强就地保护；加强宣传教育，增强公众的保护意识。

夹竹桃科 Apocynaceae

毛杜仲藤　鸡头藤

Urceola huaitingii (Chun & Tsiang) D. J. Middleton

保护等级	CITES 附录	IUCN 红色名录	极小种群物种	特有性
				中国特有

形态特征： 攀缘状多枝灌木。叶生于枝的顶端，两面被有柔毛；叶片卵圆形或长圆状椭圆形，先端锐尖或短渐尖，基部狭圆形或宽楔形；中脉与侧脉在叶腹面平坦，在背面明显凸起；叶柄有茸毛。花序近顶生或稀腋生，伞房状，具多朵花；花梗丝状；花萼近钟状，萼裂片长圆状披针形；花冠黄色，坛状辐形。蓇葖果双生或其中一个不发育，卵球状披针形，基部胀大。花期 4 ～ 6 月，果期 7 月至翌年 6 月。

地理分布： 广西、广东、湖南、贵州等地。

生境特点： 生于海拔 200 ～ 1000 m 的山地林中或山坡灌丛中。

资源现状： 分布范围较广，资源量较丰富，天然种群数量有下降趋势。

濒危原因： 过度采挖，生境遭到破坏、退化或丧失。

保护价值： 我国特有的种质资源，具有重要的战略意义；瑶族老班药“红九牛”的基原；全株可入药，具有镇静、镇痛、降血压等功效；根皮、茎皮均有小毒，入药具有祛风湿、强筋骨的功效。

保护措施： 加强就地保护，加大野生资源本底调查及监测力度；加强宣传教育，增强公众的保护意识。

茜草科 Rubiaceae

巴戟天 鸡肠风、巴戟、大巴戟

Morinda officinalis F. C. How

保护等级	CITES 附录	IUCN 红色名录	极小种群物种	特有性
国家二级		VU		中国特有

形态特征：藤本。老枝具纵棱，无毛，棕色或蓝黑色。叶片长圆形、卵状长圆形或倒卵状长圆形，边缘全缘，腹面初时被稀疏、紧贴的长粗毛，后变无毛，背面无毛或中脉处被稀疏短粗毛。花序 3 ～ 7 个伞状排列于枝顶；花序梗被短柔毛；总苞片 1 枚；头状花序具花 4 ～ 10 朵；花 2 ～ 4 基数，无花梗；花冠白色，稍肉质；雄蕊与花冠裂片同数。聚花核果，成熟时红色，扁球形或近球形。花期 5 ～ 7 月，果熟期 10 ～ 11 月。

地理分布：广西、福建、广东、海南等地。

生境特点：生于山地疏、密林下或灌丛中，常攀于灌木或乔木树干上。

资源现状：分布范围较广，分布零星，资源量极少，天然种群数量急剧减少。

濒危原因：过度采挖，生境遭到破坏、退化或丧失，天然种群更新困难。

保护价值：我国特有的种质资源，具有重要的战略意义；瑶族老班药“鸡肠风”的基原，我国四大南药之一，素有“南方小人参”之称，根可入药，具有补肾壮阳、强筋健骨、祛风湿、固精髓、增强性欲、抗衰老、抗肿瘤和抗抑郁的功效。

保护措施：加强就地保护，加大野生资源本底调查及监测力度，加强生物学、生态学、群落学以及繁育和保护等方面的研究；科学开展迁地保护和种群回归；加强宣传教育，增强公众的保护意识。

忍冬科 Caprifoliaceae

长花忍冬

Lonicera longiflora (Lindl.) DC.

保护等级	CITES 附录	IUCN 红色名录	极小种群物种	特有性
				中国特有

形态特征：藤本。除幼枝、叶柄和花序有时略被黄褐色糙毛外，全体几无毛。叶片基部圆形至宽楔形，叶腹面有光泽；侧脉 3～5 对；对生的两叶柄基部相连而在节部呈线状凸起。双花常集生于小枝顶排成疏散的总状花序；花序梗与叶柄等长或略超过；萼筒矩圆形，无毛，萼齿有缘毛；花冠白色，后变黄色，长 5～7.5 cm，外面无毛或散生少数开展长腺毛，筒细。果实成熟时白色。花期 3～6 月，果熟期 10 月。

地理分布：广西、广东、云南、海南等地。

生境特点：生于疏林下或山地路旁向阳处，

资源现状：分布范围较广，种群数量较少，野生资源量有递减趋势。

濒危原因：过度采摘，生境遭到破坏、退化或丧失，自然更新能力差。

保护价值：我国特有的种质资源，具有重要的战略意义；花蕾可入药，具有清热解毒的功效；茎、叶亦可入药，具有清热解毒、凉血止痢的功效。

保护措施：加强就地保护，加大野生资源本底调查及监测力度；加强宣传教育，增强公众的保护意识。

菊科 Asteraceae

广西蒲儿根

Sinosenecio guangxiensis C. Jeffrey et Y. L. Chen

保护等级	CITES 附录	IUCN 红色名录	极小种群物种	特有性
				中国特有

形态特征：多年生草本。茎单生，葶状，不分枝，下部密被褐色长柔毛。基生叶少数，排成莲座状，叶片近圆形或肾形，基部心形，边缘波状，或具卵状三角形或浅卵状三角形粗齿，齿端具小尖，背面密被白色茸毛，或有时仅有疏黄褐色短毛及脱毛呈深紫红色，具 5 ～ 7 条基出脉；茎生叶通常 2 片；最上部叶数片，苞片状。头状花序 1 ～ 7 个排成顶生伞房花序；花冠黄色。瘦果圆柱形，具肋，被短柔毛。花期 6 ～ 7 月。

地理分布：广西、湖南等地。

生境特点：生于山坡、山顶林下、溪边及岩石潮湿处。

资源现状：分布范围较窄，分布零星，种群数量较少，野生资源量有递减趋势。

濒危原因：生境遭到破坏、退化或丧失，自然更新能力差。

保护价值：我国特有的种质资源，具有重要的战略意义。

保护措施：加强就地保护；加强宣传教育，增强公众的保护意识。

旋花科 Convolvulaceae

瑶山丁公藤 瑶山麻辣子

Erycibe sinii F. C. How

保护等级	CITES 附录	IUCN 红色名录	极小种群物种	特有性
				广西特有

形态特征：攀缘状灌木。一年生枝条圆柱形，无毛，当年生枝条贴生疏柔毛。叶片纸质，椭圆形或长圆状椭圆形，先端骤尖，基部楔形，腹面无毛，背面略被小粗伏毛及小斑点；侧脉 5 ～ 7 对，在腹面不明显，在背面稍凸起。花序顶生和腋生，为单生的总状或圆锥状；花梗长约 2 mm；小苞片线状披针形，先端锐尖；萼片圆；花冠小裂片长圆状卵形；花药卵状长圆柱形；子房球形，柱头头状。花期 6 月。

地理分布：广西。

生境特点：生于山坡疏林林缘或灌丛中。

资源现状：分布范围狭窄，分布零星，资源量较少，天然种群数量有下降趋势。

濒危原因：生境遭到破坏、退化或丧失，天然种群更新困难。

保护价值：我国特有的种质资源，具有重要的战略意义。

保护措施：加强就地保护，加大野生资源本底调查及监测力度，加强生物学、生态学、群落学以及繁育和保护等方面的研究；加强宣传教育，增强公众的保护意识。

母草科 Linderniaceae

瑶山母草

Lindernia yaoshanensis Tsoong

保护等级	CITES 附录	IUCN 红色名录	极小种群物种	特有性
		NT		中国特有

形态特征：草本。基部常有根状茎。茎近直立或匍匐上升。叶片长三角状至长三角状卵形，先端锐尖，基部宽楔形，边缘具锐锯齿，两面均疏被伏毛；叶柄微有毛。花单生叶腋或在枝端排成含 3 ～ 5 朵花的短总状花序；花梗长 2 ～ 8 mm ；花萼 5 裂至近基部，萼裂片外面沿中脉有粗毛；花冠上唇三角形，先端有浅缺，下唇 3 裂，侧裂片矩圆形，仅为圆形而向前凸出的中裂片的 2/3 ；子房无毛。花期 7 月。

地理分布：广西、贵州。

生境特点：生于近山沟的坡边潮湿草地。

资源现状：分布范围狭窄，分布零星，资源量较少，天然种群数量有下降趋势。

濒危原因：生境遭到破坏、退化或丧失，天然种群更新困难。

保护价值：我国特有的种质资源，具有重要的战略意义。

保护措施：加强就地保护，加大野生资源本底调查及监测力度；加强宣传教育，增强公众的保护意识。

列当科 Orobanchaceae

岭南来江藤 广东来江藤

Brandisia swinglei Merr.

保护等级	CITES 附录	IUCN 红色名录	极小种群物种	特有性
				中国特有

形态特征： 直立灌木或略蔓性。叶片卵圆形，先端锐头至近尾状长锐尖，基部宽楔形至近心形，边缘全缘或具不规则疏锯齿；叶柄具毛。花单生于叶腋，有时 2 朵同生，花梗、小苞片和花萼外面均被褐灰色星状茸毛；花萼钟状，萼裂片狭三角状卵形；花冠黄色，上唇 2 裂，裂片斜卵形，下唇侧裂长圆状卵形；雄蕊隐藏于花冠喉部；子房卵球形。蒴果小，扁球形。花期 6 ～ 11 月，果期 12 月至翌年 1 月。

地理分布： 广西、广东、湖南等地。

生境特点： 生于海拔 600 ～ 1100 m 的山坡疏林林缘。

资源现状： 分布范围较广，资源量较丰富，但天然种群数量有下降趋势。

濒危原因： 生境遭到破坏、退化或丧失，天然种群更新困难。

保护价值： 我国特有的种质资源，具有重要的战略意义；叶外用可治疗梅毒病。

保护措施： 加强就地保护，加大野生资源本底调查及监测力度；加强宣传教育，增强公众的保护意识。

列当科 Orobanchaceae

独脚金 干草

Striga asiatica (L.) Kuntze

保护等级	CITES 附录	IUCN 红色名录	极小种群物种	特有性
		VU		

形态特征：一年生半寄生草本。植株高 10 ～ 30 cm，直立，全体被刚毛。茎单生，稀有分枝。叶较狭窄，仅茎基部的为狭披针形，其余的均为条形，有时鳞片状。花单朵腋生或在茎顶端排成穗状花序；花萼外面具 10 条纵棱，顶部 5 裂几达中部，萼裂片钻形；花冠通常黄色，稀为红色或白色，高脚碟状，长 1 ～ 1.5 cm，唇形，上唇短 2 裂，下唇 3 裂；花冠筒顶部急剧弯曲。蒴果卵球形，包于宿存萼内。花期秋季。

地理分布：广西、广东、江西、湖南、贵州、云南、福建、台湾等地。

生境特点：生于田野或荒草地，寄生于寄主植物的根上。

资源现状：分布范围较广，种群分布零星、数量较少，野生资源遭到过度采挖，资源量急剧减少。

濒危原因：过度采挖，生境遭到破坏、退化或丧失。

保护价值：具有较高的药用价值，全草可入药，具有清肝、消食、杀虫、解毒、清心火的功效。

保护措施：加强就地保护，开展人工扩繁及培育；加强宣传教育，增强公众的保护意识。

苦苣苔科 Gesneriaceae

黄杨叶芒毛苣苔

Aeschynanthus buxifolius Hemsl.

保护等级	CITES 附录	IUCN 红色名录	极小种群物种	特有性
		VU		

形态特征： 附生小灌木。叶对生或 3 枚轮生，无毛；叶片革质，椭圆形或卵形，先端钝，基部宽楔形或圆形，边缘全缘，侧脉不明显。花单生于枝上部叶腋；花梗细；花萼无毛，顶部 5 裂达基部。花冠紫红色，下唇有深红色条纹；上唇 2 裂近中部，裂片宽卵形或近方形，下唇较大，3 裂近基部，中裂片长圆形，侧裂片斜正三角形；雄蕊伸出；花盘环状；雌蕊无毛。蒴果线形，无毛。花期 6 ～ 11 月。

地理分布： 广西、云南、贵州等地。

生境特点： 生于海拔 1300 ～ 1900 m 的山地林中树上或石上。

资源现状： 分布范围较广，资源量较丰富，但天然种群数量有下降趋势。

濒危原因： 气候变化，生境遭到破坏、退化或丧失，天然种群更新困难。

保护价值： 珍稀种质资源；植株及花形态奇特，具极高的观赏价值；全草可入药，用于治疗蛇虫咬伤。

保护措施： 加强就地保护，加大野生资源本底调查及监测力度；加强宣传教育，增强公众的保护意识。

苦苣苔科 Gesneriaceae

小横蒴苣苔

Beccarinda minima K. Y. Pan

保护等级	CITES 附录	IUCN 红色名录	极小种群物种	特有性
		VU		广西特有

形态特征：多年生草本。叶片椭圆形，基部圆形或稍心形，边缘具浅圆齿或近全缘，两面被较密的长柔毛；侧脉每边 3 ～ 4 条，在叶腹面不明显，在背面稍隆起；叶柄被长柔毛。聚伞花序，每花序具 1 ～ 3 朵花；花序梗疏被细长柔毛；苞片卵形；花梗被细柔毛；花萼 5 裂至基部，萼裂片近相等，披针形，外面疏被细柔毛；花冠近斜钟状，淡紫蓝色；雄蕊 4 枚，无毛；子房卵球形。蒴果狭长圆柱形。花期 5 月。

地理分布：广西。

生境特点：生于海拔 400 ～ 1200 m 的山坡、山谷砂岩石壁上。

资源现状：分布范围狭窄，分布零星，资源量极少，天然种群数量急剧减少。

濒危原因：生境遭到破坏、退化或丧失，天然种群更新困难。

保护价值：我国特有的种质资源，具有重要的战略意义。

保护措施：加强就地保护，加大野生资源本底调查及监测力度，加强生物学、生态学、群落学以及繁育和保护等方面的研究，开展人工扩繁和种群回归；加强宣传教育，增强公众的保护意识。

苦苣苔科 Gesneriaceae

紫花马铃苣苔

Oreocharis argyreia Chun ex K. Y. Pan

保护等级	CITES 附录	IUCN 红色名录	极小种群物种	特有性
				中国特有

形态特征：多年生无茎草本。叶全部基生；叶片狭椭圆形，先端锐尖，基部窄楔形，边缘近全缘，两面均被贴伏长柔毛；叶柄密被贴伏长柔毛。聚伞花序 2 ～ 3 次分歧；花序梗被长柔毛；花梗长 1.5 ～ 2 cm；花萼 5 裂至近基部，萼裂片线形，边缘全缘；花冠蓝紫色，檐部短，上唇 2 裂，下唇 3 裂，全部裂片近圆形；雄蕊分生，无毛；花盘环状，5 浅裂；雌蕊无毛，子房线状长圆形。蒴果长圆柱形，无毛。花期 8 月。

地理分布：广西、广东等地。

生境特点：生于海拔 600 ～ 1700 m 的山坡林下岩石上。

资源现状：分布范围较广，资源量较丰富，但天然种群数量有下降趋势。

濒危原因：气候变化，生境遭到破坏、退化或丧失，天然种群更新困难。

保护价值：我国特有的种质资源，具有重要的战略意义；植株形态奇特，具较高观赏价值；全草可入药，具有清热消肿的功效。

保护措施：加强就地保护，科学开展近地保护和迁地保护；加强宣传教育，增强公众的保护意识。

苦苣苔科 Gesneriaceae

石上莲

Oreocharis benthamii var. *reticulata* Dunn

保护等级	CITES 附录	IUCN 红色名录	极小种群物种	特有性
				中国特有

形态特征： 多年生草本。叶全部基生；叶片椭圆形或卵状椭圆形，先端钝或圆形，基部浅心形，偏斜或楔形，边缘具小锯齿或全缘，叶片背面被短柔毛，叶脉在背面明显隆起，网状；叶柄密被褐色绵毛。聚伞花序 2 ～ 3 次分歧；花序梗与花梗均密被褐色绵毛；苞片 2 枚；花萼 5 裂至基部，萼裂片相等，线状披针形；花冠细筒状，淡紫色。蒴果线形或线状长圆柱形，外面无毛。花期 8 月，果期 10 月。

地理分布： 广西、广东等地。

生境特点： 生于海拔 340 ～ 1000 m 的山地岩石上。

资源现状： 资源量较丰富，但天然种群数量有下降趋势。

濒危原因： 气候变化，生境遭到破坏、退化或丧失。

保护价值： 我国特有的种质资源，具有重要的战略意义；植株形态奇特，具较高观赏价值；全草可入药，具有止血的功效，叶可外用于治疗湿疹。

保护措施： 加强就地保护，加大野生资源本底调查及监测力度；加强生物学、生态学、群落学及繁育和保护等方面的研究；加强宣传教育，增强公众的保护意识。

苦苣苔科 Gesneriaceae

瑶山苣苔

Oreocharis cotinifolia (W. T. Wang) Mich. Möller & A. Weber

保护等级	CITES 附录	IUCN 红色名录	极小种群物种	特有性
国家二级		EN	√	大瑶山特有

形态特征：多年生无茎草本。叶基生；叶片宽椭圆形、卵圆形或近圆形，两面稍密被白色短柔毛；叶柄密被贴伏短柔毛。聚伞花序 2 ～ 4 个腋生，每花序有 1 ～ 2 朵花；花序梗、苞片、花梗和花萼外面均密被短柔毛；花萼钟状，5 全裂，萼裂片窄三角形或披针状线形；花冠近钟状，淡紫色或白色，外面疏被短柔毛，内面疏被短柔毛；雄蕊 1 ～ 2 枚，花丝着生于花冠筒内面近基部。蒴果线形，外面被短柔毛。花期 9 月。

地理分布：广西。

生境特点：生于海拔 860 ～ 1200 m 的山地林中或路边林下。

资源现状：分布范围狭窄，分布零星，资源量极少，天然种群数量急剧减少。

濒危原因：生境遭到破坏、退化或丧失，天然种群更新困难。

保护价值：我国特有的种质资源，具有重要的战略意义；亦为苦苣苔科较原始种，对该科植物的系统演化研究有重要科学价值；植株形态奇特，花形端庄秀丽，花色淡雅，具较高观赏价值。

保护措施：加强就地保护，加大野生资源本底调查及监测力度，开展人工扩繁和种群回归；加强宣传教育，增强公众的保护意识。

苦苣苔科 Gesneriaceae

异蕊马铃苣苔

Oreocharis heterandra D. Fang & D. H. Qin

保护等级	CITES 附录	IUCN 红色名录	极小种群物种	特有性
				大瑶山特有

形态特征：多年生草本。叶片宽椭圆状卵形或宽椭圆形，先端钝或急尖，基部宽楔形或近圆形，边缘有浅齿；侧脉每边 6～8 条；叶柄长 1～4 cm。聚伞花序有 5～9 朵花；花序梗长 6～13.5 cm；苞片狭披针形；花冠蓝紫色，外面疏被短腺毛，上唇与下唇等长；上雄蕊与下雄蕊异形，上雄蕊花丝两侧稍扩大，下雄蕊花丝两侧楔状扩大；雌蕊无毛，柱头 1 枚，盘状。花期 10 月。

地理分布：广西。

生境特点：生于山坡阴处岩石上。

资源现状：分布范围狭窄，分布零星，资源量极少，天然种群数量急剧减少。

濒危原因：生境遭到破坏、退化或丧失，天然种群更新困难。

保护价值：该种是紫花马铃苣苔（*O. argyreia*）与大齿马铃苣苔（*O. magnidens*）的天然杂交种，我国特有的种质资源，具有重要的战略意义；植株形态奇特，具较高观赏价值。

保护措施：加强就地保护，加大野生资源本底调查及监测力度，开展人工扩繁和种群回归；加强宣传教育，增强公众的保护意识。

苦苣苔科 Gesneriaceae

大齿马铃苣苔

Oreocharis magnidens Chun ex K. Y. Pan

保护等级	CITES 附录	IUCN 红色名录	极小种群物种	特有性
				中国特有

形态特征：多年生草本。叶全部基生，莲座状，具柄；叶片长椭圆形，先端钝，基部楔形，边缘具整齐的牙齿，腹面被长柔毛，背面中脉上密被锈色绢状绵毛。聚伞花序 2 次分歧；花序梗与花梗均被较密的腺状柔毛；花梗长 4 ～ 10 mm；花萼 5 裂至基部，萼裂片卵形；花冠细筒状，白色或淡紫色；雄蕊分生；花盘环状；雌蕊无毛，子房长圆柱形。蒴果长圆柱状倒披针形，成熟时淡褐色。花期 7 ～ 8 月，果期 9 ～ 10 月。

地理分布：广西、广东、江西等地。

生境特点：生于海拔 1100 ～ 1600 m 的山坡及林下岩石上。

资源现状：分布范围较广，资源量较丰富，但天然种群数量有下降趋势。

濒危原因：气候变化，生境遭到破坏、退化或丧失。

保护价值：我国特有的种质资源，具有重要的战略意义；植株形态奇特，具较高观赏价值。

保护措施：加强就地保护，加大野生资源本底调查及监测力度；加强生物学、生态学、群落学以及繁育和保护等方面的研究；加强宣传教育，增强公众的保护意识。

苦苣苔科 Gesneriaceae

羽裂报春苣苔 石岩菜

Primulina pinnatifida (Hand.-Mazz.) Yin Z. Wang

保护等级	CITES 附录	IUCN 红色名录	极小种群物种	特有性
				中国特有

形态特征：多年生草本。叶片草质，长圆形、披针形或狭卵形，先端急尖或微钝，基部楔形或宽楔形，边缘不规则羽状浅裂，或有牙齿或呈波状，两面疏被短伏毛，侧脉每边 3 ～ 5 条；叶柄扁。聚伞花序具 1 ～ 4 朵花；苞片长圆形或卵形；花冠紫色。蒴果外面被短柔毛。种子褐色或暗紫色，狭椭球形。花期 5 ～ 9 月。

地理分布：广西、广东、贵州、湖南、江西、福建、浙江等地。

生境特点：生于海拔 500 ～ 1500 m 的山谷林下或溪边石上。

资源现状：分布范围较广，资源量较丰富，但天然种群数量有下降趋势。

濒危原因：气候变化，生境遭到破坏、退化或丧失，天然种群更新困难。

保护价值：我国特有的种质资源，具有重要的战略意义；植株形态奇特，具较高观赏价值；全草可入药，用于治疗痢疾、跌打损伤。

保护措施：加强就地保护，开展近地保护，加大野生资源本底调查及监测力度；加强野生资源的生物学研究，开展人工扩繁和种群回归；加强宣传教育，增强公众的保护意识。

苦苣苔科 Gesneriaceae

齿萼报春苣苔　齿萼唇柱苣苔

Primulina verecunda (Chun) Mich. Möller & A. Weber

保护等级	CITES 附录	IUCN 红色名录	极小种群物种	特有性
				广西特有

形态特征：多年生草本。叶片纸质，斜菱状椭圆形，先端急尖，基部斜，一侧楔形，另一侧浅心形或圆形，边缘有不整齐牙齿或小牙齿，两面疏被短伏毛；侧脉每边 4～5 条；叶柄扁；花盘杯状，缘不规则浅裂。蒴果线形，外面被短柔毛。种子暗紫色，纺锤形。花期 12 月。

地理分布：广西。

生境特点：生于海拔约 1000 m 的林下或溪边石上。

资源现状：分布范围狭窄，分布零星，资源量极少，天然种群数量急剧减少。

濒危原因：生境遭到破坏、退化或丧失，天然种群更新困难。

保护价值：我国特有的种质资源，具有重要的战略意义；花色丰富艳丽，具有极高的观赏价值及园林开发应用前景。

保护措施：加强就地保护，加大野生资源本底调查及监测力度，开展人工扩繁和种群回归；加强宣传教育，增强公众的保护意识。

苦苣苔科 Gesneriaceae

长筒漏斗苣苔

Raphiocarpus macrosiphon (Hance) Burtt

保护等级	CITES 附录	IUCN 红色名录	极小种群物种	特有性
				中国特有

形态特征：多年生草本。茎高 8 ～ 13 cm，不分枝。叶通常 4 片，多生于茎顶端；同一节上的叶片大小不等，卵状椭圆形，先端急尖，边缘具小齿或近全缘，两面均被深褐色或淡褐色长柔毛，沿叶脉较密集。聚伞花序腋生，具 1 ～ 3 朵花；苞片长圆形；花梗被疏柔毛；花萼外面疏被长柔毛；花冠橙红色，中部之下突然变成细筒状；花药 2 药室在顶端汇通；雌蕊无毛。花期 7 ～ 8 月，果期 9 ～ 10 月。

地理分布：广西、广东等地。

生境特点：生于海拔 200 ～ 800 m 的山谷、溪边密林中的岩石上。

资源现状：分布零星，资源量较少，天然种群数量急剧减少。

濒危原因：过度采挖，生境遭到破坏、退化或丧失，天然种群更新困难。

保护价值：我国特有的种质资源，具有重要的战略意义；植株形态奇特，具较高观赏价值；全草可入药，具有清热消肿的功效。

保护措施：加强就地保护，科学开展近地保护和迁地保护，加大野生资源本底调查及监测力度；加强宣传教育，增强公众的保护意识。

苦苣苔科 Gesneriaceae

无毛漏斗苣苔

Raphiocarpus sinicus Chun

保护等级	CITES 附录	IUCN 红色名录	极小种群物种	特有性
		NT		广西特有

形态特征：灌木。叶片椭圆形或椭圆状长圆形，先端短尾状或尾状渐尖；叶柄被疏柔毛。花 1 ～ 5 朵，聚集于分枝近顶端；花序梗短，疏被短柔毛；苞片 2 枚，线状披针形；花梗微被短柔毛；花萼 5 裂至近基部，萼裂片披针形；花冠白色，外面微被腺状柔毛；雄蕊 4 枚，花丝具腺状短柔毛；子房线形，花柱被腺状疏柔毛。蒴果直立或稍弯曲，线形，成熟时褐色。花期 7 ～ 8 月，果期 9 ～ 10 月。

地理分布：广西。

生境特点：生于海拔 400 ～ 1300 m 的山地密林中及山坡、山谷潮湿处。

资源现状：分布范围狭窄，分布零星，资源量较少，天然种群数量急剧减少。

濒危原因：气候变化，生境遭到破坏、退化或丧失，天然种群更新困难。

保护价值：我国特有的种质资源，具有重要的战略意义；植株形态奇特，具较高的观赏价值；全草可入药，具有养阴清热、活血止痛的功效。

保护措施：加强就地保护，加大野生资源本底调查及监测力度，加强生物学、生态学、群落学以及繁育和保护等方面的研究；加强宣传教育，增强公众的保护意识。

天门冬科 Asparagaceae

带叶蜘蛛抱蛋

Aspidistra fasciaria G. Z. Li

保护等级	CITES 附录	IUCN 红色名录	极小种群物种	特有性
				广西特有

形态特征：多年生常绿草本。根状茎匍匐。叶单生；叶片狭倒披针形或带状披针形，基部渐狭，先端渐尖；叶柄长 10 ～ 17 cm。总花梗长 18 ～ 25 mm，具苞片 4 ～ 6 枚；花单生；花被钟状，黄绿色，具紫色斑点，顶部 6 ～ 10 裂，花被裂片三角状卵形，花被筒内面暗紫色；雄蕊 6 ～ 10 枚，生于花被筒内面基部，具短花丝，花药阔卵形；雌蕊长约 5 mm，柱头盾状膨大，紫红色，3 ～ 5 深裂。花期 5 ～ 6 月。

地理分布：广西。

生境特点：生于海拔 1000 m 的山谷或常绿林下阴处。

资源现状：分布范围狭窄，分布零星，资源量极少，天然种群数量急剧减少。

濒危原因：过度采挖，生境遭到破坏、退化或丧失，天然种群更新困难。

保护价值：我国特有的种质资源，具有重要的战略意义；亦具有重要的观赏和药用价值。

保护措施：加强就地保护，开展近地保护，加大野生资源本底调查及监测力度；加强宣传教育，增强公众的保护意识。

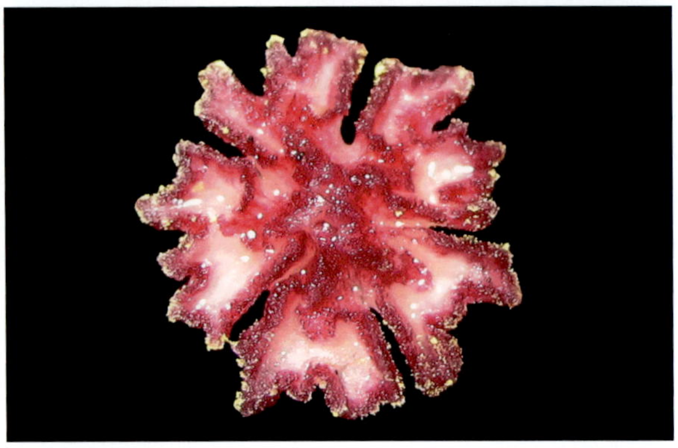

天门冬科 Asparagaceae

帆状蜘蛛抱蛋

Aspidistra molendinacea G. Z. Li & S. C. Tang

保护等级	CITES 附录	IUCN 红色名录	极小种群物种	特有性
		VU		广西特有

形态特征： 多年生常绿草本。根状茎匍匐。叶单生；叶柄长 15 ～ 25cm；叶片长圆形至长圆状倒披针形，基部渐狭成柄。总花梗具苞片 4 ～ 5 枚；花单生；花被钟状，紫色，顶部 8 裂，花被裂片狭三角形，两侧黄绿色，基部具 2 枚齿状突起物；雄蕊 8 枚，生于花被筒内面下部 1/4 处；雌蕊柱头盾状膨大，淡紫红色，4 深裂，裂瓣帆状心形，直立，外侧两边向外弯，边缘 4 裂，裂片先端再 2 浅裂，边缘向上内卷。花期 10 ～ 11 月。

地理分布： 广西。

生境特点： 生于山谷林下荫蔽处。

资源现状： 分布范围狭窄，分布零星，资源量极少，天然种群数量急剧减少。

濒危原因： 过度采挖，生境遭到破坏、退化或丧失，天然种群更新困难。

保护价值： 我国特有的种质资源，具有重要的战略意义；亦具有重要的观赏和药用价值。

保护措施： 加强就地保护，开展近地保护，加大野生资源本底调查及监测力度；加强野生资源的生物学研究，开展人工扩繁和种群回归；加强宣传教育，增强公众的保护意识。

天门冬科 Asparagaceae

广西蜘蛛抱蛋

Aspidistra retusa K. Y. Lang & S. Z. Huang

保护等级	CITES 附录	IUCN 红色名录	极小种群物种	特有性
				广西特有

形态特征：多年生常绿草本。根状茎匍匐。叶单生；叶鞘 3 枚，紫褐色；叶柄长 16 ～ 33 cm ；叶片长圆形至长圆状披针形，先端渐尖，基部楔形。总花梗纤细，具苞片 5 ～ 6 枚；花单生；花被钟状，花被裂片 5 ～ 6 枚，三角状卵形，花被筒长 12 ～ 15 mm；雄蕊 5 ～ 6 枚，着生于花被筒内面上部 1/3 处，位置明显高出柱头，近无花丝，花药卵球形；雌蕊高约 4 mm，子房稍大，柱头稍盾状膨大，边缘波状或微凹。花期 5 月，果期翌年 3 ～ 4 月。

地理分布：广西。

生境特点：生于山谷林下阴湿石槽中。

资源现状：分布范围狭窄，分布零星，资源量极少，天然种群数量急剧减少。

濒危原因：过度采挖，生境遭到破坏、退化或丧失，天然种群更新困难。

保护价值：我国特有的种质资源，具有重要的战略意义；亦具有重要的观赏和药用价值。

保护措施：加强就地保护，开展近地保护，加大野生资源本底调查及监测力度；加强野生资源的生物学研究，开展人工扩繁和种群回归；加强宣传教育，增强公众的保护意识。

天门冬科 Asparagaceae

大瑶山蜘蛛抱蛋

Aspidistra yunbiaoi C. R. Lin & Yan Liu

保护等级	CITES 附录	IUCN 红色名录	极小种群物种	特有性
		EN		大瑶山特有

形态特征：多年生常绿草本。根状茎匍匐，节密。叶单生，相距 1 ～ 2 cm；叶柄刚硬直立；叶片宽卵形到卵形长圆形，先端渐尖，基部近圆形，不对称，边缘全缘。花单生；花被瓮状，肉质，顶部 6 ～ 8 浅裂，花被裂片离生，近等长，两面黄白色带紫红色密斑至紫红色；雄蕊 6 ～ 8 枚，花药近无柄，卵形；花柱短，圆柱形，柱头膨大，肉质，圆盘状。浆果近球形，表面不规则具瘤状突起。花期 6 ～ 7 月，果期翌年 7 ～ 8 月。

地理分布：广西。

生境特点：生于山坡、山谷林下阴湿处。

资源现状：分布范围狭窄，分布零星，资源量极少，天然种群数量急剧减少。

濒危原因：过度采挖，生境遭到破坏、退化或丧失，天然种群更新困难。

保护价值：我国特有的种质资源，具有重要的战略意义；亦具有重要的观赏和药用价值。

保护措施：加强就地保护，开展近地保护，加大野生资源本底调查及监测力度；加强野生资源的生物学研究，开展人工扩繁和种群回归；加强宣传教育，增强公众的保护意识。

天门冬科 Asparagaceae

异黄精

Heteropolygonatum roseolum M. N. Tamura & Ogisu

保护等级	CITES 附录	IUCN 红色名录	极小种群物种	特有性
				广西特有

形态特征：根状茎圆柱形，直径 1 ～ 2 cm。茎上升，长 20 ～ 40 cm，直径 2 ～ 4 cm，具紫色斑，无毛。叶 6 ～ 9 片；叶柄长约 5 mm，基部多少扭曲；叶片披针形，长 8 ～ 14 cm，宽 1.5 ～ 3.6 cm，革质；叶脉 7 ～ 9 条，明显。花序具 1 ～ 2 朵花，稀 3 朵花；花序梗长 7 ～ 14 mm；花梗长 7 ～ 22 mm；花被管状，带粉红色，顶端带绿色，长 1.4 ～ 1.6 cm ；花丝的离生部分长 1 ～ 1.5 mm，平滑；花药披针形；子房长约 4 mm，直径约 2.5 mm ；花柱长约 2 mm。浆果卵球形，顶端稍尖，直径 0.8 ～ 1 cm。花期 5 月。

地理分布：广西。

生境特点：生于山坡密林下。

资源现状：分布范围狭窄，野生资源极少，天然种群数量有明显下降趋势。

濒危原因：过度采挖，生境遭到破坏、退化或丧失，自然更新能力差。

保护价值：我国特有植物，具有重要的战略意义；在药用价值创新利用方面具有广阔前景。

保护措施：加强就地保护，加大野生资源本底调查及监测力度；加强宣传教育，增强公众的保护意识。

藜芦科 Melanthiaceae

白丝草 中华白丝草

Chamaelirium chinense (K. Krause) N. Tanaka

保护等级	CITES 附录	IUCN 红色名录	极小种群物种	特有性
				中国特有

形态特征：草本。短根状茎。基生叶椭圆形至矩圆形，边缘微波状；叶柄长 1 ～ 6 cm。穗状花序长 3 ～ 8 cm，花后可稍延长，花稍密，白色而芳香，两性或花序顶端的花为雄花，少有全部花序均为雄花；花被片 6 枚，向轴的 3 ～ 4 枚匙状细条形至近细条形，其余各枚不发达或无；雄蕊 6 枚，不等长；子房具 3 枚花柱。蒴果倒卵状椭球形，成熟时室背开裂，每室具 2 粒种子。种子近梭形，基部白色尾状。花期 4 ～ 5 月，果期 6 月。

地理分布：广西、广东、湖南、福建等地。

生境特点：生于山坡或路旁的荫蔽处或潮湿处。

资源现状：分布范围较广，分布零星，种群数量较少，野生资源量有递减趋势。

濒危原因：生境遭到破坏、退化或丧失，自然更新能力差。

保护价值：我国特有的种质资源，具有重要的战略意义；全草可入药，具有利尿通淋、清热安神、消肿止痛的功效。

保护措施：加强就地保护；加强宣传教育，增强公众的保护意识。

藜芦科 Melanthiaceae

七叶一枝花　华重楼

Paris chinensis Franch.

保护等级	CITES 附录	IUCN 红色名录	极小种群物种	特有性
国家二级		VU		

形态特征：多年生草本。根状茎圆柱形。茎直立，绿色或紫红色。叶在茎顶部轮生，5～12片；叶片绿色，长圆形、卵形、披针形或倒披针形，基部常楔形，基出侧脉2～3对；叶柄绿色或紫色。花单生于茎顶端；萼片绿色，披针形；花瓣黄绿色，线形；雄蕊数为花瓣数2倍，花丝淡绿色，花药黄色；子房单室，侧膜胎座，花柱紫色或深红色。蒴果近球形，成熟时绿色。花期3～5月，果期6～10月。

地理分布：广西、江苏、浙江、江西、福建、台湾、湖北、湖南、广东、四川、贵州、云南等地。

生境特点：生于海拔150～2000 m的沟谷、溪边、山坡、竹林下及路旁。

资源现状：分布范围较广，但资源量较少，天然种群数量有下降趋势。

濒危原因：过度采挖，生境遭到破坏、退化或丧失，天然种群更新困难。

保护价值：为《中华人民共和国药典（2020年版）》所收载药材“重楼”的基原之一，具有重要的药用价值和开发利用价值。

保护措施：加强就地保护，开展近地保护，加大野生资源本底调查及监测力度；加强野生资源的生物学研究，开展人工扩繁；加强宣传教育，增强公众的保护意识。

兰科 Orchidaceae

金线兰 花叶开唇兰

Anoectochilus roxburghii (Wall.) Lindl.

保护等级	CITES 附录	IUCN 红色名录	极小种群物种	特有性
国家二级	附录 II	EN		

形态特征： 植株高 8 ～ 18 cm。叶 3 ～ 4 片；叶片卵圆形或卵形，腹面暗紫色或黑紫色，具金红色带绢丝光泽的美丽脉网纹，背面淡红色。总状花序具 2 ～ 6 朵花；花序轴淡红色，被毛；花苞片淡红色；花白色或淡红色，不倒置，唇瓣位于上方；萼片外面被毛，中萼片卵形，与花瓣黏合成兜，侧萼片为偏斜的近长圆形或长圆状椭圆形；花瓣近镰形；唇瓣呈“Y”形，两侧各具 6 ～ 8 条长 4 ～ 6 mm 的流苏状细裂条。花期 10 ～ 12 月。

地理分布： 广西、广东、浙江、江西、湖南、四川、云南、西藏、福建、海南等地。

生境特点： 生于海拔 200 ～ 1000 m 的山坡或沟谷密林下阴湿处。

资源现状： 分布范围广，但种群分布零散，天然种群数量少，且有明显下降的趋势。

濒危原因： 过度采挖，生境遭到破坏、退化或丧失，天然种群更新困难。

保护价值： 珍贵的兰科种质资源，具有重要的药用价值，全草可入药，具有清热解毒、祛风除湿、凉血平肝、固肾的功效。

保护措施： 加强就地保护，加大野生资源本底调查及监测力度，开展人工扩繁栽培；加强宣传教育，增强公众的保护意识。

兰科 Orchidaceae

竹叶兰 禾叶竹叶兰、土白芨

Arundina graminifolia (D. Don) Hochr.

保护等级	CITES 附录	IUCN 红色名录	极小种群物种	特有性
广西重点	附录 II			

形态特征：植株高可达 1 m 以上。植株常成片生长。茎常数个丛生，为叶鞘所包。叶片线状披针形，基部具圆筒状的鞘；鞘抱茎，长 2 ～ 4 cm。花序长 2 ～ 8 cm，总状花序或基部有 1 ～ 2 个分枝而成圆锥状花序，具 2 ～ 10 朵花；花苞片宽卵状三角形，基部围抱花序轴；花粉红色或略带紫色或白色；花瓣椭圆形或卵状椭圆形，与萼片近等长；唇瓣轮廓近长圆状卵形，3 裂；唇盘上有 3（～ 5）条褶片。花果期主要在 9 ～ 11 月，也有在 1 ～ 4 月的。

地理分布：广西、广东、浙江、江西、湖南、四川、贵州、云南、西藏、福建、台湾、海南等地。

生境特点：生于海拔 200 ～ 980 m 的草坡、溪谷旁或林下。

资源现状：分布范围较广，野生资源量较丰富，但种群数量有下降趋势。

濒危原因：过度采挖，生境遭到破坏、退化或丧失。

保护价值：珍贵的兰科种质资源，全草均可入药，具有清热解毒、祛风除湿、止痛、利尿的功效；亦具有优良的景观价值。

保护措施：加强就地保护；加大普法宣传力度，提高公众的保护意识。

兰科 Orchidaceae

齿瓣石豆兰

Bulbophyllum levinei Schltr.

保护等级	CITES 附录	IUCN 红色名录	极小种群物种	特有性
广西重点	附录 II			

形态特征：根状茎纤细，匍匐生根；假鳞茎簇生在根状茎上，近圆柱形或瓶状，顶生 1 片叶。叶片薄革质，狭长圆形或倒卵状披针形，先端近锐尖。花葶从假鳞茎基部发出，纤细，高出叶丛；总状花序缩短呈伞状，常具 2 ～ 6 朵花；花序梗疏生 2 ～ 3 枚筒状鞘；花苞片比花梗连同子房短；花膜质，白色带紫色；中萼片卵状披针形，边缘具细齿，具 3 条脉；花瓣靠合于萼片，卵状披针形，边缘具细齿。花期 5 ～ 8 月。

地理分布：广西、广东、浙江、江西、湖南、云南、福建、香港等地。

生境特点：生于海拔约 800 m 的山地林中树干上。

资源现状：分布范围较广，分布零星，天然种群数量有下降趋势。

濒危原因：气候变化，生境遭到破坏、退化或丧失，天然种群更新困难。

保护价值：具有较高的药用价值，全草可入药，具有滋阴清热、解毒消肿的功效；亦有较高的观赏价值。

保护措施：加强就地保护，加大野生资源本底调查及监测力度；加强宣传教育，增强公众的保护意识。

兰科 Orchidaceae

伏生石豆兰

Bulbophyllum reptans (Lindl.) Lindl.

保护等级	CITES 附录	IUCN 红色名录	极小种群物种	特有性
广西重点	附录 II			

形态特征：假鳞茎疏生于细长而分枝的根状茎上，彼此相距 5 ～ 9 cm，近卵形，顶生 1 片叶。叶片狭长圆形，先端钝并稍凹入，基部收窄为长 1 ～ 2 cm 的柄。花葶侧生于假鳞茎基部；花淡黄色带紫红色条纹；萼片披针形，长不超过 1 cm，先端急尖，具 3 条脉或仅中肋明显，中肋在背面呈龙骨状凸起，侧萼片在中部以下的下侧边缘彼此黏合；花瓣先端圆头状；蕊柱具长约 2 mm 的蕊柱足。花期 1 ～ 10 月。

地理分布：广西、海南、贵州、云南、西藏等地。

生境特点：生于山地常绿阔叶林中树干上或林下岩石上。

资源现状：分布范围较广，分布零星，种群数量极少，野生资源量有递减趋势。

濒危原因：生境遭到破坏、退化或丧失。

保护价值：珍贵的兰科种质资源，全草可入药，具有润肺止咳、化痰、止痛的功效。

保护措施：加强就地保护，开展近地保护，加大野生资源本底调查及监测力度；加强宣传教育，增强公众的保护意识。

兰科 Orchidaceae

小叶石豆兰

Bulbophyllum tokioi Fukuy.

保护等级	CITES 附录	IUCN 红色名录	极小种群物种	特有性
广西重点	附录 II	NT		中国特有

形态特征： 根状茎匍匐状延伸，被筒状鞘；无假鳞茎。叶在根状茎上疏生；叶片椭圆形或椭圆状圆形，肉质，先端圆钝并具短突，基部无柄并被膜质鞘，两面无毛。花葶生于叶腋，直立；总状花序具 2 朵花；花序梗纤细，基部被鞘状苞片；花浅白色；萼片两面无毛，具 3 条脉；花瓣比萼片小，具 1 条脉，边缘全缘；唇瓣先端圆钝，基部与蕊柱足末端连接而形成关节，边缘全缘，具 3 条脉。花期 4 月。

地理分布： 广西、台湾等地。

生境特点： 生于山地密林中树干上。

资源现状： 分布范围较广，但分布零星，种群数量较少，野生资源量有递减趋势。

濒危原因： 生境遭到破坏、退化或丧失。

保护价值： 珍贵的兰科种质资源，具有潜在的开发利用价值。

保护措施： 加强就地保护，加大野生资源本底调查及监测力度；加强宣传教育，增强公众的保护意识。

兰科 Orchidaceae

翘距虾脊兰

Calanthe aristulifera Rchb. f.

保护等级	CITES 附录	IUCN 红色名录	极小种群物种	特有性
广西重点	附录 II	NT		

形态特征：假鳞茎近球形，具3枚鞘及2～3片叶。叶在花期尚未展开，基部收狭为柄，背面密被短毛。花葶1～2个，出自假茎上端，长25～60 cm，密被短毛；总状花序长6～25 cm，疏生约10朵花；花梗连同子房长1.5～2 cm，弧曲，子房外面被毛；花白色或粉红色，有时白色带淡紫色，半开放；侧萼片与中萼片等长；花瓣比萼片稍短，具3条脉，无毛；唇瓣轮廓扇形，与整个蕊柱翅合生。花期2～5月。

地理分布：广西、广东、福建、台湾等地。

生境特点：生于山地沟谷阴湿处和密林下。

资源现状：分布范围较广，分布零星，种群数量较少，野生资源量有递减趋势。

濒危原因：过度采挖，生境遭到破坏、退化或丧失，自然更新能力差。

保护价值：具有较高的观赏价值，适宜园林栽培或盆栽观赏等。

保护措施：加强就地保护，加大野生资源本底调查及监测力度；加强宣传教育，增强公众的保护意识。

兰科 Orchidaceae

密花虾脊兰

Calanthe densiflora Lindl.

保护等级	CITES 附录	IUCN 红色名录	极小种群物种	特有性
广西重点	附录 II			

形态特征： 植株具长而粗壮的匍匐根状茎，无明显的假鳞茎。叶片呈折扇状，基部收窄为柄。花葶侧生于假鳞茎的基部，疏生 3 ～ 5 枚圆筒形的鞘状苞片；总状花序球状，由许多呈放射状排列的花组成；花淡黄色，压干后变靛蓝色或黑色；唇瓣贴生至蕊柱基部上方的蕊柱翅上，3 裂，中裂片近方形，其基部前方具 2 条膜质、三角形的褶片；距圆筒形，劲直；蕊柱细长。花期 8 ～ 9 月，果期 10 月。

地理分布： 广西、广东、四川、云南、西藏、台湾、海南等地。

生境特点： 生于林下和山谷溪边。

资源现状： 分布范围广，种群数量较多，野生资源量较丰富，但有递减趋势。

濒危原因： 过度采挖，生境遭到破坏、退化或丧失。

保护价值： 珍贵的兰科种质资源；全草可入药，具有活血化瘀、消肿散结、祛风除湿的功效；亦可栽培供观赏。

保护措施： 加强就地保护，开展近地保护，加大野生资源本底调查及监测力度；加强宣传教育，增强公众的保护意识。

兰科 Orchidaceae

钩距虾脊兰

Calanthe graciliflora Hayata

保护等级	CITES 附录	IUCN 红色名录	极小种群物种	特有性
广西重点	附录 II	NT		中国特有

形态特征：假鳞茎短，近卵球形，具 3 ～ 4 枚鞘和 3 ～ 4 片叶。叶片椭圆形或椭圆状披针形，两面无毛。花葶出自假鳞茎上端的叶丛间；花序梗常具 1 枚鳞片形的鞘状苞片；总状花序疏生多数花；萼片和花瓣在外面褐色、内面淡黄色；花瓣倒卵状披针形，基部具短爪，具 3 ～ 4 条脉；唇瓣 3 裂，中裂片近方形或倒卵形且先端扩大；唇盘具 4 个褐色斑点和 3 条相互平行的龙骨状脊；距圆筒形，长 10 ～ 13 mm，顶部常钩曲。花期 3 ～ 5 月。

地理分布：广西、广东、安徽、浙江、江西、湖南、湖北、四川、贵州、云南、福建、台湾、香港等地。

生境特点：生于山地林下或沟谷溪边阴湿处。

资源现状：分布范围广，种群零散，种群数量少，野生资源量急剧减少。

濒危原因：过度采挖，生境遭到破坏、退化或丧失，自然更新能力差。

保护价值：我国特有的种质资源，具有重要战略意义；全草可入药，具有清热解毒、活血止痛、滋阴润肺、止咳的功效；亦有较高的观赏价值，适宜园林栽培或盆栽观赏等。

保护措施：加强就地保护，开展近地保护，加大野生资源本底调查及监测力度；加强宣传教育，增强公众的保护意识。

兰科 Orchidaceae

长距虾脊兰 长距根节兰

Calanthe sylvatica (Thouars) Lindl.

保护等级	CITES 附录	IUCN 红色名录	极小种群物种	特有性
广西重点	附录 II			

形态特征：植株无明显的根状茎。假鳞茎狭圆锥形，具 3 ~ 6 片叶。叶片椭圆形至倒卵形，边缘全缘，背面密被短柔毛。花葶从叶丛中抽出；总状花序疏生数朵花；花苞片披针形，外面密被短柔毛；花淡紫色，唇瓣常呈橘黄色；中萼片椭圆形，外面疏被短柔毛；花瓣倒卵形或宽长圆形；唇瓣基部与整个蕊柱翅合生，3 裂；唇盘基部具 3 列不等长的黄色鸡冠状小瘤；距圆筒形，长 2.5 ~ 5 cm。花期 4 ~ 9 月。

地理分布：广西、广东、台湾、香港、云南、西藏等地。

生境特点：生于山坡林下或山谷河边阴湿处。

资源现状：分布范围广，种群零散，种群数量少，野生资源量急剧减少。

濒危原因：过度采挖，生境遭到破坏、退化或丧失，自然更新能力差。

保护价值：具有较高的药用价值，全草可入药，具有解毒止痛、活血化瘀、拔毒生肌的功效；亦有较高的观赏价值，适宜园林栽培或盆栽观赏等。

保护措施：加强就地保护，开展近地保护，加大野生资源本底调查及监测力度；加强宣传教育，增强公众的保护意识。

兰科 Orchidaceae

金唇兰

Chrysoglossum ornatum Bl.

保护等级	CITES 附录	IUCN 红色名录	极小种群物种	特有性
广西重点	附录 II			

形态特征： 假鳞茎近圆柱形，具 1 个节，被鞘。叶片长椭圆形，基部楔形并下延为柄，具 5 脉。花葶长达 50 cm，被 4 ～ 5 枚鞘状苞片；总状花序疏生约 10 朵花；花苞片披针形；花绿色带红棕色斑点；中萼片长圆形，侧萼片镰状长圆形，萼囊圆锥形；唇瓣白色带紫色斑点，基部两侧具小耳并伸入萼囊内，3 裂，中裂片近圆形并凹陷；唇盘上具 3 条褶片；蕊柱翅在蕊柱中部两侧各具 1 枚倒齿状的臂。花期 4 ～ 6 月。

地理分布： 广西、海南、云南、台湾等地。

生境特点： 生于林下或沟谷阴湿处。

资源现状： 分布范围广，种群零散，种群数量少，野生资源量急剧减少。

濒危原因： 过度采挖，生境遭到破坏、退化或丧失，自然更新能力差。

保护价值： 具有较高的观赏价值，适宜园林栽培或盆栽观赏等。

保护措施： 加强就地保护，加大野生资源本底调查及监测力度；加强宣传教育，增强公众的保护意识。

兰科 Orchidaceae

高宝兰 高斑叶兰、追风草

Cionisaccus procera (Ker Gawl.) M. C. Pace

保护等级	CITES 附录	IUCN 红色名录	极小种群物种	特有性
广西重点	附录 II			

形态特征：根状茎短而粗，具节；茎直立，无毛。叶 6 ～ 8 片，疏生于整个茎上；叶片长圆形或狭椭圆形，腹面无白色或黄白色的斑纹或条纹，背面淡绿色。总状花序具多数密生的小花，似穗状；花序轴被毛；花小芳香，白色带淡绿；萼片外面无毛；花瓣匙形，先端稍钝，具 1 条脉，无毛；唇瓣基部囊内有腺毛，前端反卷，唇盘上具 2 个胼胝体；子房圆柱形，外面被毛；蕊喙直立，2 裂。花期 4 ～ 5 月。

地理分布：广西、广东、海南、安徽、浙江、四川、贵州、云南、西藏、福建、台湾等地。

生境特点：生于山坡或沟谷阔叶林下阴湿处。

资源现状：分布范围广，种群零散，种群数量少，野生资源量有递减趋势。

濒危原因：过度采挖，生境遭到破坏、退化或丧失，种子萌芽率低，自然更新能力差。

保护价值：具有很高的药用价值，全草可入药，具有祛风除湿、健胃镇静、活血调经、利水化石的功效；亦具有较高的观赏价值。

保护措施：加强就地保护，开展近地保护，加大野生资源本底调查及监测力度；加强野生资源的生物学研究；加强宣传教育，增强公众的保护意识。

兰科 Orchidaceae

流苏贝母兰 报春贝母兰

Coelogyne fimbriata Lindl.

保护等级	CITES 附录	IUCN 红色名录	极小种群物种	特有性
广西重点	附录 II			

形态特征：根状茎较细长，相距 2 ～ 4.5 cm 着生假鳞茎。假鳞茎狭卵球形至近圆柱形，顶生 2 片叶。叶片长圆形或长圆状披针形。花葶长 5 ～ 10 cm，基部套叠有数枚圆筒形的鞘状苞片；总状花序通常具 1 ～ 2 朵花；花序轴顶端具数枚白色的花苞片；花淡黄色或近白色，仅唇瓣上有红色斑纹；花瓣丝状或狭线形；唇瓣卵形，3 裂，侧裂片先端和中裂片边缘均具流苏，唇盘上通常具 2 条纵褶片。花期 8 ～ 10 月，果期翌年 4 ～ 8 月。

地理分布：广西、广东、江西、云南、西藏、福建、海南等地。

生境特点：生于海拔 630 ～ 1200 m 的树上或岩石上。

资源现状：分布范围广，种群零散，种群数量少，野生资源量有递减趋势。

濒危原因：过度采挖，生境遭到破坏、退化或丧失。

保护价值：具有极高的药用价值，可用于治疗感冒、咳嗽、风湿骨痛；亦有较高的观赏价值。

保护措施：加强就地保护，开展近地保护，加大野生资源本底调查及监测力度；加强宣传教育，增强公众的保护意识。

兰科 Orchidaceae

台湾吻兰

Collabium formosanum Hayata

保护等级	CITES 附录	IUCN 红色名录	极小种群物种	特有性
广西重点	附录 II			

形态特征：假鳞茎疏生于根状茎上，被鞘。叶片卵状披针形或长圆状披针形，基部近圆形或有时楔形，边缘波状；具多条弧形脉；具长 1 ～ 2 cm 的柄。总状花序疏生 4 ～ 9 朵花；花序梗被 3 枚鞘状苞片；花苞片约等长于花梗连同子房的长；萼片和花瓣先端内面均具红色斑点；中萼片具 3 条脉；花瓣相似于侧萼片，具 3 条脉；唇瓣白色带红色斑点和条纹，3 裂；唇盘在两侧裂片之间具 2 条褶片；距圆筒形。花期 5 ～ 9 月。

地理分布：广西、台湾、云南、四川、贵州等地。

生境特点：生于山坡密林下或沟谷林下的岩石缝积土中。

资源现状：分布范围较广，种群数量少，野生资源量有递减趋势。

濒危原因：过度采挖，生境遭到破坏、退化或丧失，种子萌芽率低，自然更新能力差。

保护价值：珍贵的兰科种质资源，具有潜在的开发利用价值。

保护措施：加强就地保护，开展近地保护，加大野生资源本底调查及监测力度；加强宣传教育，增强公众的保护意识。

兰科 Orchidaceae

铠兰 辛氏铠兰

Corybas sinii T. Tang et F. T. Wang

保护等级	CITES 附录	IUCN 红色名录	极小种群物种	特有性
广西重点	附录 II	EN		中国特有

形态特征：块茎球形至椭圆形。茎直立，长 2 ～ 2.5 cm，中部有节，节以下具卷曲长软毛，节以上具微柔毛。叶 1 片，生于茎上端；叶片宽卵形，长 9 ～ 18 mm，宽 8 ～ 16.5 mm，基部心形，无柄，具网状脉。花单朵，深紫色；中萼片倒披针形，侧萼片钻状；花瓣与侧萼片相似，长达 2.6 cm，具 1 条脉；唇瓣近倒卵圆形，边缘啮蚀状，有 13 条脉，中央无褶片，基部具 1 个大的胼胝体；距 2 个，角状。花期 6 ～ 11 月。

地理分布：广西、台湾等地。

生境特点：生于海拔约 1500 m 的林下苔藓层中。

资源现状：分布极为零散，种群数量极少，资源量急剧减少。

濒危原因：生境遭到破坏、退化或丧失，自然更新能力差。

保护价值：我国特有的种质资源，具有重要的战略意义；亦具有较高的观赏价值。

保护措施：加强就地保护，开展近地保护，加大野生资源本底调查及监测力度，开展种群生态学、生殖生态学及遗传多样性等方面的研究，开展人工扩繁和种群回归；加强宣传教育，增强公众的保护意识。

兰科 Orchidaceae

多花兰 石羊果

Cymbidium floribundum Lindl.

保护等级	CITES 附录	IUCN 红色名录	极小种群物种	特有性
国家二级	附录 II	VU		

形态特征：附生草本。假鳞茎近卵球形，稍压扁。叶 5 ～ 6 片，带状，叶片先端钝或急尖，中脉与侧脉在背面凸起。花葶近直立或外弯；总状花序通常具 10 ～ 40 朵花；花萼片与花瓣红褐色或偶见绿黄色，极罕灰褐色，唇瓣白色并有紫红色斑；萼片狭长圆形，长 1.6 ～ 1.8 cm；花瓣狭椭圆形，与萼片近等宽；唇瓣近卵形，3 裂；唇盘上有 2 条纵褶片，褶片末端靠合；花粉团 2 个。蒴果近长圆柱形。花期 4 ～ 8 月。

地理分布：广西、广东、浙江、江西、湖南、湖北、四川、贵州、云南、西藏、福建、台湾等地。

生境特点：生于海拔 140 ～ 1350 m 的树上、沟谷旁或草丛中的岩石上。

资源现状：分布范围广，种群零散，种群数量少，野生资源量有递减趋势。

濒危原因：过度采挖，生境遭到破坏、退化或丧失，自然更新能力差。

保护价值：叶有光泽，花多，色泽艳丽，花期长，具有较高的观赏价值；亦具有较好的药用价值，全草可入药，具有滋阴润肺、化痰止咳的功效。

保护措施：加强就地保护，开展近地保护，加大野生资源本底调查及监测力度，开展人工扩繁和种群回归；加强宣传教育，增强公众的保护意识。

兰科 Orchidaceae

寒兰

Cymbidium kanran Makino

保护等级	CITES 附录	IUCN 红色名录	极小种群物种	特有性
国家二级	附录 II	VU		

形态特征： 地生草本。假鳞茎狭卵球形，长 2 ～ 4 cm。叶 3 ～ 7 片，带状。花葶发自假鳞茎基部；总状花序疏生 5 ～ 12 朵花；花苞片一般与花梗连同子房近等长；花常为淡黄绿色而具淡黄色唇瓣，也有其他色泽，常有浓烈香气；萼片近线形或线状狭披针形；花瓣略宽而短于萼片；唇瓣近卵形，不明显 3 裂；唇盘上 2 条纵褶片从基部延伸至中裂片基部，上部向内倾斜并靠合，形成短管；花粉团 4 个。花期 8 ～ 12 月。

地理分布： 广西、广东、安徽、浙江、江西、湖南、四川、贵州、云南、西藏、福建、台湾、海南等地。

生境特点： 生于山谷林下或路旁阴湿处。

资源现状： 分布范围广，种群零散，种群数量少，野生资源量有递减趋势。

濒危原因： 过度采挖，生境遭到破坏、退化或丧失，自然更新能力差。

保护价值： 具有极高的观赏价值；全草可入药，具有清心润肺、止咳平喘的功效。

保护措施： 加强就地保护，开展近地保护，加大野生资源本底调查及监测力度，开展人工扩繁和种群回归；加强宣传教育，增强公众的保护意识。

兰科 Orchidaceae

兔耳兰

Cymbidium lancifolium Hook.

保护等级	CITES 附录	IUCN 红色名录	极小种群物种	特有性
广西重点	附录Ⅱ			

形态特征：地生或附生草本。假鳞茎近扁圆柱形或狭梭形，有节，顶端簇生 2～4 片叶。叶片倒披针状长圆形至狭椭圆形，有柄。花葶从假鳞茎下部节上发出；总状花序具 2～6 朵花；花苞片披针形；花通常白色至淡绿色，花瓣上有紫栗色中脉，唇瓣上有紫栗色斑；萼片倒披针状长圆形；花瓣近长圆形；唇瓣近卵状长圆形，稍 3 裂；唇盘上 2 条纵褶片在末端汇合成短管；花粉团 4 个，成 2 对。花期 5～8 月。

地理分布：广西、广东、浙江、湖南、云南、福建、台湾、海南等地。

生境特点：生于疏林下、林缘或溪谷旁的岩石上、树上或地上。

资源现状：分布范围广，种群零散，种群数量少，野生资源量有递减趋势。

濒危原因：过度采挖，生境遭到破坏、退化或丧失。

保护价值：珍贵的兰科种质资源，具有较高的观赏价值，经济开发潜力极大；全草可入药，具有润肺、续筋的功效。

保护措施：加强就地保护，开展近地保护；加强宣传教育，增强公众的保护意识。

兰科 Orchidaceae

墨兰 报岁兰、瑶山兰

Cymbidium sinense (Jack. ex Andr.) Willd.

保护等级	CITES 附录	IUCN 红色名录	极小种群物种	特有性
国家二级	附录 II	VU		

形态特征：地生草本。假鳞茎卵球形，长 2.5 ～ 6 cm。叶 3 ～ 5 片，带状。花葶直立，一般长于叶；总状花序具 10 ～ 20 朵或更多的花；花苞片不及花梗连同子房长度的 1/2；花的色泽变化较大，常为暗紫色或紫褐色而具浅色唇瓣，也有黄绿色、桃红色或白色的，一般有较浓的香气；花瓣较萼片略宽而短；唇瓣不明显 3 裂，唇盘上 2 条纵褶片从基部延伸至中裂片基部；花粉团 4 个。花期 10 月至翌年 3 月。

地理分布：广西、广东、安徽、江西、四川、贵州、云南、福建、台湾、海南、香港等地。

生境特点：生于林下、灌丛中或溪谷旁潮湿荫蔽处。

资源现状：分布范围广，种群零散，种群数量少，野生资源量有递减趋势。

濒危原因：过度采挖，生境遭到破坏、退化或丧失，种子萌芽率低，自然更新能力差。

保护价值：珍贵的兰科种质资源，具有较高的观赏价值，经济开发潜力极大；全草可入药，具有清心润肺、止咳定喘的功效。

保护措施：加强就地保护，开展近地保护，加大野生资源本底调查及监测力度，开展人工扩繁和种群回归；加强宣传教育，增强公众的保护意识。

兰科 Orchidaceae

钩状石斛

Dendrobium aduncum Wall. ex Lindl.

保护等级	CITES 附录	IUCN 红色名录	极小种群物种	特有性
国家二级	附录 II	VU		

形态特征：茎下垂，细圆柱形。叶片长圆形，先端急尖而钩转。总状花序数个，从上一年生已落叶的或具叶的茎上部发出；花序轴纤细，疏生 1 ～ 6 朵花；花序梗长 5 ～ 10 mm；萼片和花瓣淡粉红色；中萼片长圆状披针形，侧萼片斜卵状三角形，与中萼片等长而较宽，先端急尖；唇瓣白色，后部凹陷成半球状，前部骤然收狭成短尾状并反卷，基部具短爪，唇盘近基部具 1 个绿色的方形胼胝体。花期 5 ～ 6 月。

地理分布：广西、广东、湖南、贵州、云南、海南等地。

生境特点：生于山地常绿阔叶林中的树干上。

资源现状：分布范围广，种群零散，种群数量少，野生资源量有递减趋势。

濒危原因：过度采挖，生境遭到破坏、退化或丧失，种子萌芽率低，自然更新能力差。

保护价值：珍贵的兰科种质资源，具有较高的观赏价值，经济开发潜力极大；茎可入药，具有滋阴清热、益胃生津的功效。

保护措施：加强就地保护，开展近地保护，加大野生资源本底调查及监测力度，开展人工扩繁和种群回归；加强宣传教育，增强公众的保护意识。

兰科 Orchidaceae

密花石斛

Dendrobium densiflorum Lindl.

保护等级	CITES 附录	IUCN 红色名录	极小种群物种	特有性
国家二级	附录 II	VU		

形态特征：茎粗壮，常棒状或纺锤形，具数个节和4条纵棱，少有圆柱形带多数细条棱的，干后为淡褐色并带光泽。叶近顶生，3～4片；叶片长圆状披针形，长达17 cm，先端尖，基部不下延为抱茎的鞘。总状花序下垂，密生许多花；花序梗基部被2～4枚鞘状苞片；花苞片干膜质，干后席卷；花中等大，直径约3 cm，萼片和花瓣淡黄色；唇瓣金黄色，圆状菱形，两面密布短茸毛。花期4～5月。

地理分布：广西、广东、西藏、海南等地。

生境特点：生于常绿阔叶林中的树干上或山谷岩石上。

资源现状：分布范围广，种群零散，种群数量少，野生资源量有递减趋势。

濒危原因：过度采挖，生境遭到破坏、退化或丧失，种子萌芽率低，自然更新能力差。

保护价值：珍贵的兰科种质资源，具有较高的观赏价值，经济开发潜力极大；茎可入药，具有滋阴益胃、生津止渴、清热止咳的功效。

保护措施：加强就地保护，开展近地保护，加大野生资源本底调查及监测力度，开展人工扩繁和种群回归；加强宣传教育，增强公众的保护意识。

兰科 Orchidaceae

单叶厚唇兰

Dendrobium fargesii Finet

保护等级	CITES 附录	IUCN 红色名录	极小种群物种	特有性
国家二级	附录Ⅱ			

形态特征：根状茎匍匐，密被栗色筒状鞘。假鳞茎多少偏臌，中部以下贴伏于根状茎，近卵球形，长约 1 cm，顶生 1 片叶。叶片厚革质，卵形或宽卵状椭圆形。花序生于假鳞茎顶端，具单朵花；花梗连同子房长约 7 mm；萼片和花瓣淡粉红色；侧萼片斜卵状披针形，基部贴生在蕊柱足上而形成明显的萼囊；花瓣比侧萼片小；唇瓣几乎白色，小提琴状，长约 2 cm；唇盘具 2 条纵向的龙骨状脊，末端呈乳头状。花期 4～5 月。

地理分布：广西、广东、安徽、浙江、江西、湖南、湖北、四川、福建、台湾等地。

生境特点：生于山地林中的树干上或山谷岩石上。

资源现状：分布范围广，种群零散，种群数量少，野生资源量有递减趋势。

濒危原因：过度采挖，生境遭到破坏、退化或丧失，种子萌芽率低，自然更新能力差。

保护价值：珍贵的兰科种质资源；全草可入药，具有清热润燥、生津益胃、化痰止咳、活血化瘀的功效。

保护措施：加强就地保护，开展近地保护；加强宣传教育，增强公众的保护意识。

兰科 Orchidaceae

重唇石斛 鸡爪兰

Dendrobium hercoglossum Rchb. f.

保护等级	CITES 附录	IUCN 红色名录	极小种群物种	特有性
国家二级	附录 II	NT		

形态特征：茎下垂，圆柱形，节间长 1.5 ～ 2 cm。叶片狭长圆形或长圆状披针形。总状花序从老茎发出，常具 2 ～ 3 朵花；花序轴有时稍回折状弯曲；花苞片卵状披针形；萼片和花瓣淡粉红色；中萼片卵状长圆形，侧萼片稍斜卵状披针形；花瓣倒卵状长圆形；唇瓣白色，分前后唇；后唇半球形，前部密生短流苏，内面密生短毛；前唇淡粉红色，无毛；蕊柱白色；药帽紫色，半球形。花期 5 ～ 6 月。

地理分布：广西、安徽、江西、湖南、贵州、云南等地。

生境特点：生于山地密林中树干上和山谷湿润岩石上。

资源现状：分布范围较广，种群分布零星，种群数量较少，野生资源量急剧减少。

濒危原因：过度采挖，生境遭到破坏、退化或丧失，自然更新能力差。

保护价值：珍贵的兰科种质资源，具有较高的药用价值和观赏价值；茎可入药，具有滋阴益胃、清热润肺、生津止渴的功效。

保护措施：加强就地保护，开展近地保护，加大野生资源本底调查及监测力度；加强宣传教育，增强公众的保护意识。

兰科 Orchidaceae

广东石斛

Dendrobium kwangtungense C. L. Tso

保护等级	CITES 附录	IUCN 红色名录	极小种群物种	特有性
国家二级	附录 II	CR		中国特有

形态特征：茎直立或斜立，细圆柱形。叶片互生于茎的上部；叶片革质，狭长圆形，先端钝并稍不等侧 2 裂。总状花序生于上一年落叶的茎上部，具 1 ～ 2 朵花；花苞片白色，在中部或近先端处具栗色斑痕；花乳白色，有时带淡红色，开展；萼片近长圆状披针形，先端渐尖；花瓣近椭圆形；唇瓣卵状披针形，比萼片稍短而宽得多，先端急尖；唇盘中央具 1 个黄绿色斑块，密布短毛。花期 5 月。

地理分布：广西、广东、福建、湖北、湖南、四川、贵州、云南等地。

生境特点：生于山地常绿阔叶林中的树干上。

资源现状：分布范围较广，分布零星，种群数量较少，野生资源量急剧减少。

濒危原因：过度采挖，生境遭到破坏、退化或丧失，自然更新能力差。

保护价值：珍贵的兰科种质资源，具有较高的药用价值和观赏价值；茎可入药，具有滋阴益胃、生津止渴、清热的功效。

保护措施：加强就地保护，开展近地保护，加大野生资源本底调查及监测力度；加强宣传教育，增强公众的保护意识。

兰科 Orchidaceae

矩唇石斛

Dendrobium linawianum Rchb. f.

保护等级	CITES 附录	IUCN 红色名录	极小种群物种	特有性
国家二级	附录 II	EN		中国特有

形态特征：茎直立，稍扁圆柱形，不分枝，下部收狭，具数个节。叶片长圆形，先端钝且不等侧2裂，基部扩大为抱茎的鞘。总状花序从落了叶的老茎上部发出，具2～4朵花；花序梗基部被2～3枚短筒形的鞘状苞片；花梗连同子房长达5 cm，子房稍弧曲；花大，白色，有时上部紫红色；花瓣椭圆形，先端钝，基部具短爪；唇瓣白色，上部紫红色，前部反折；唇盘基部两侧各具1条紫红色带，上面密布短茸毛。花期4～5月。

地理分布：广西、台湾等地。

生境特点：生于山地林中树干或崖壁上。

资源现状：分布范围狭窄，分布零星，野生资源稀少，天然种群数量有下降趋势。

濒危原因：过度采挖，生境遭到破坏、退化或丧失，种子萌芽率低，自然更新能力差。

保护价值：我国特有的种质资源，具有重要的战略意义；观赏价值较高，经济开发潜力极大；茎可入药，具有滋阴益胃、生津止渴、清热的功效。

保护措施：加强就地保护，开展近地保护，加大野生资源本底调查及监测力度，开展人工扩繁和种群回归；加强宣传教育，增强公众的保护意识。

兰科 Orchidaceae

细茎石斛　铜皮兰

Dendrobium moniliforme (L.) Sw.

保护等级	CITES 附录	IUCN 红色名录	极小种群物种	特有性
国家二级	附录 II			

形态特征： 茎直立，细圆柱形，上下粗细一致，通常长 10 ～ 20 cm，或更长，具多个节，节间长 2 ～ 4 cm。叶数片，常互生于茎的中部以上，排成 2 列；叶片披针形或长圆形，先端不等侧 2 裂或急尖而钩转，基部下延为抱茎的鞘。总状花序 2 个至数个，侧生于茎的上部，每个花序具 1 ～ 3 朵花；花黄绿色、白色或白色带淡紫红色，有时芳香；唇瓣白色、淡黄绿色或绿白色，带淡褐色或紫红色至浅黄色斑块，基部楔形，3 裂。花期 3 ～ 5 月。

地理分布： 广西、河南、安徽、湖南、湖北、四川、重庆、贵州、云南、西藏、福建、台湾等地。

生境特点： 生于阔叶林中富含腐殖质及附生有苔藓的树干上或山谷岩壁上。

资源现状： 分布范围广，种群零散，种群数量少，野生资源量有递减趋势。

濒危原因： 过度采挖，生境遭到破坏、退化或丧失，种子萌芽率低，自然更新能力差。

保护价值： 珍贵的兰科种质资源，具有较高的观赏价值，经济开发潜力极大；茎可入药，具有益胃生津、滋阴清热的功效。

保护措施： 加强就地保护，开展近地保护，加大野生资源本底调查及监测力度；加强野生资源的生物学研究，开展人工扩繁和种群回归；加强宣传教育，增强公众的保护意识。

兰科 Orchidaceae

石斛 金钗石斛

Dendrobium nobile Lindl.

保护等级	CITES 附录	IUCN 红色名录	极小种群物种	特有性
国家二级	附录 II	VU		

形态特征： 茎直立，肉质而粗厚，基部收狭，向上变粗而稍扁，常在上部多少回折状弯曲。叶片长圆形，先端钝且不等侧 2 裂。总状花序长 2 ～ 5 cm，具 1 ～ 4 朵花；花梗连同子房淡紫色；花大，白色带淡紫红色先端，有时全体淡紫红色；中萼片与侧萼片近相似，长 3 ～ 3.5 cm，先端钝；花瓣比萼片大；唇瓣近倒卵形，比花瓣大，基部两侧具紫红色条纹，中央具 1 个大的紫红色斑块，两面密布短茸毛。花期 4 ～ 5 月。

地理分布： 广西、湖北、四川、贵州、云南、西藏、台湾、海南、香港等地。

生境特点： 生于山地疏林中的树干上。

资源现状： 分布范围广，种群零散，种群数量少，野生资源量有递减趋势。

濒危原因： 过度采挖，生境遭到破坏、退化或丧失，种子萌芽率低，自然更新能力差。

保护价值： 珍贵的兰科种质资源，具有较高的观赏价值，经济开发潜力极大；茎可入药，具有益胃生津、滋阴清热、止咳的功效。

保护措施： 加强就地保护，开展近地保护，加大野生资源本底调查及监测力度，开展人工扩繁和种群回归；加强宣传教育，增强公众的保护意识。

兰科 Orchidaceae

黑毛石斛

Dendrobium williamsonii Day et Rchb. f.

保护等级	CITES 附录	IUCN 红色名录	极小种群物种	特有性
国家二级	附录 II	EN		

形态特征：茎圆柱形，有时中部稍增粗而呈纺锤形。叶数片，通常生于茎的上部；叶片革质，狭长圆形，先端钝且不等侧 2 裂，背面和叶鞘外面均密布黑色粗毛。总状花序具 1 ～ 2 朵花；萼片和花瓣白色，形态大小相似；萼片的中肋在外面具矮的狭翅，萼囊劲直且呈漏斗状；唇瓣淡黄色或白色，带橘红色的唇盘，3 裂，侧裂片围抱蕊柱；中裂片近圆形，前端边缘波状；唇盘沿脉纹疏生粗短的流苏。花期 4 ～ 5 月。

地理分布：广西、云南、海南等地。

生境特点：生于山地林中树干上。

资源现状：分布范围广，种群零散，种群数量少，野生资源量急剧减少。

濒危原因：过度采挖，生境遭到破坏、退化或丧失，种子萌芽率低，自然更新能力差。

保护价值：珍贵的兰科种质资源，具有较高的观赏价值，经济开发潜力极大；茎可入药，具有滋阴益胃、生津止渴、除烦的功效。

保护措施：加强就地保护，开展近地保护，加大野生资源本底调查及监测力度，开展人工扩繁和种群回归；加强宣传教育，增强公众的保护意识。

兰科 Orchidaceae

无耳沼兰 阔叶沼兰

Dienia ophrydis (J. Koenig) Seidenf.

保护等级	CITES 附录	IUCN 红色名录	极小种群物种	特有性
广西重点	附录 II			

形态特征： 地生或半附生草本。茎圆柱形，肉质，具数个节，在叶枯萎后多少外露。叶 4 ～ 5 片，斜立；叶片斜卵状椭圆形、卵形或狭椭圆状披针形；叶柄鞘状，长 3 ～ 5 cm，抱茎。花葶长 15 ～ 60 cm，具很狭的翅；总状花序具数十朵或更多的花；花梗连同子房长 2 ～ 3 mm；花紫红色至绿黄色，较小；花瓣线形，长 2.5 ～ 3.2 mm；唇瓣近宽卵形，凹陷，先端骤然收狭或近 3 裂而形成尾状的中裂片。花期 5 ～ 8 月，果期 8 ～ 12 月。

地理分布： 广西、福建等地。

生境特点： 生于林下、灌丛中或溪谷旁荫蔽处的岩石上。

资源现状： 分布范围较广，种群零散，种群数量少，野生资源量有递减趋势。

濒危原因： 过度采挖，生境遭到破坏、退化或丧失，种子萌芽率低，自然更新能力差。

保护价值： 珍贵的兰科种质资源，具有潜在的开发利用价值。

保护措施： 加强就地保护，开展近地保护，加大野生资源本底调查及监测力度；加强宣传教育，增强公众的保护意识。

兰科 Orchidaceae

蛇舌兰 爬石兰

Diploprora championii (Lindl.) Hook. f.

保护等级	CITES 附录	IUCN 红色名录	极小种群物种	特有性
广西重点	附录 II			

形态特征：茎质地硬，圆柱形或稍扁的圆柱形。叶片镰状披针形或斜长圆形，先端 2 ～ 3 个尖齿，基部具宿存的鞘，边缘有时波状。总状花序与叶对生，具 2 ～ 5 朵花；花序轴多少回折状弯曲；花梗连同子房长约 8 mm；花具香气，稍肉质，开展，萼片和花瓣淡黄色；唇瓣白色带玫瑰色，稍 3 裂，中部以下凹陷成舟形；中裂片向先端骤然收狭并叉状 2 裂，其裂片尾状且上面中央具 1 条肥厚的脊突。花期 2 ～ 8 月，果期 3 ～ 9 月。

地理分布：广西、云南、福建、台湾、海南、香港等地。

生境特点：生于山地林中的树干上或沟谷岩石上。

资源现状：分布范围广，种群零散，种群数量少，野生资源量有递减趋势。

濒危原因：过度采挖，生境遭到破坏、退化或丧失，种子萌芽率低，自然更新能力差。

保护价值：珍贵的兰科种质资源，具有较高的观赏价值，经济开发潜力极大；全草可入药，用于治疗跌打损伤、骨折。

保护措施：加强就地保护，开展近地保护；加强宣传教育，增强公众的保护意识。

兰科 Orchidaceae

虎舌兰

Epipogium roseum (D. Don) Lindl.

保护等级	CITES 附录	IUCN 红色名录	极小种群物种	特有性
广西重点	附录Ⅱ			

形态特征：腐生兰，地下具块茎；块茎肉质，横卧。茎直立，白色，肉质，无绿叶，具 4 ～ 8 枚鞘；鞘白色，抱茎。总状花序顶生，具 6 ～ 16 朵花；花梗纤细，长 3 ～ 7 mm；花白色，不甚张开，下垂；萼片线状披针形或宽披针形；花瓣与萼片形态相似，常略短而宽于萼片；唇瓣凹陷，不裂，略长于萼片，唇盘上常有 2 条密生小疣的纵脊；子房卵椭球形，外面具 3 条棱；距圆筒形，明显短于唇瓣。蒴果宽椭球形，长 5 ～ 7 mm。花果期 4 ～ 6 月。

地理分布：广西、广东、台湾等地。

生境特点：生于林下或沟谷边荫蔽处。

资源现状：分布范围较窄，野生资源较少，天然种群数量有明显下降的趋势。

濒危原因：生境遭到破坏、退化或丧失，种子萌芽率低，自然更新能力差。

保护价值：珍贵的兰科种质资源，经济开发潜力较大。

保护措施：加强就地保护，加大野生资源本底调查及监测力度；加强宣传教育，增强公众的保护意识。

兰科 Orchidaceae

半柱毛兰　老虎牙

Eria corneri Rchb. f.

保护等级	CITES 附录	IUCN 红色名录	极小种群物种	特有性
广西重点	附录 II			

形态特征：植物体无毛。假鳞茎密集，顶端具 2～3 片叶。叶片椭圆状披针形至倒卵状披针形，干时两面出现灰白色的小疣点。花葶从假鳞茎近顶端发出，位于叶丛的外侧；总状花序具 10 多朵花；花白色或略带黄色；萼片和花瓣上均具白色线状凸起物；侧萼片镰状基部与蕊柱足形成短而钝的萼囊；唇瓣 3 裂，中裂片上面具多条密集的鸡冠状或流苏状褶片；唇盘上面具 3 条波状褶片。花期 8～9 月，果期 10～12 月。

地理分布：广西、广东、贵州、云南、福建、台湾、海南等地。

生境特点：生于林中树上、石壁上或溪旁的岩石上。

资源现状：分布范围广，种群数量较多，野生资源量较丰富，但有递减趋势。

濒危原因：过度采挖，生境遭到破坏、退化或丧失，种子萌芽率低，自然更新能力差。

保护价值：珍贵的兰科种质资源；全草可入药，具有清热解毒、润肺、消肿、益胃生津的功效。

保护措施：加强就地保护，开展近地保护；加强宣传教育，增强公众的保护意识。

兰科 Orchidaceae

天麻

Gastrodia elata Bl.

保护等级	CITES 附录	IUCN 红色名录	极小种群物种	特有性
国家二级	附录Ⅱ			

形态特征： 植株高 30 ～ 100 cm 或更高。根状茎呈块茎状，通常为椭球形，具较密的节。总状花序顶生，长 5 ～ 30 cm，通常具数十朵花；花橙黄色、淡黄色、蓝绿色或黄白色；花被筒近斜卵状圆筒形，顶端具 5 枚裂片，其中外轮的 2 枚侧萼片合生处的裂口深达 5 mm；唇瓣长圆状卵圆形，3 裂，基部贴生于蕊柱足末端与花被筒内壁上，并有一对肉质胼胝体；蕊柱长 5 ～ 7 mm，有短的蕊柱足。花果期 5 ～ 7 月。

地理分布： 广西、吉林、辽宁、内蒙古、河北、山西、河南、陕西、安徽、江苏、浙江、江西、湖南、湖北、四川、贵州、西藏、台湾等地。

生境特点： 生于疏林下、林中空地或林缘。

资源现状： 分布范围广，种群零散，种群数量少，野生资源量急剧减少。

濒危原因： 过度采挖，生境遭到破坏、退化或丧失，种子萌芽率低，自然更新能力差。

保护价值： 珍贵的兰科种质资源，亦是传统的名贵药用植物，经济开发潜力大。

保护措施： 加强就地保护，开展近地保护，加大野生资源本底调查及监测力度；加强野生资源的生物学研究，开展人工扩繁和种群回归；加强宣传教育，增强公众的保护意识。

兰科 Orchidaceae

折柱天麻

Gastrodia flexistyla T. C. Hsu & C. M. Kuo

保护等级	CITES 附录	IUCN 红色名录	极小种群物种	特有性
广西重点	附录 II			

形态特征： 根茎块状或圆柱形，黄褐色，覆盖着许多鳞片和根毛状单细胞毛。总状花序直立，长 3 ～ 6 cm，具花 1 ～ 4 朵，钟形；花梗连同子房长 1 ～ 1.5 cm；花瓣淡棕色，卵形，长约 4 mm，宽约 2.5 mm，基部收缩并增厚，边缘全缘或略粗糙；萼片和花瓣合生形成顶部 5 浅裂的花被筒；萼片肉质，长 1.9 ～ 2.4 cm，边缘全缘；花药半球形，直径约 1 mm。蒴果圆柱形，长 2 ～ 3.5 cm，种子纺锤形，长 1.5 ～ 2 mm。花期 3 ～ 4 月，果期 4 ～ 5 月。

地理分布： 广西、台湾等地。

生境特点： 生于山坡、溪谷两旁林下。

资源现状： 分布范围较窄，分布零星，种群数量较少，野生资源量有递减趋势。

濒危原因： 生境遭到破坏、退化或丧失，自然更新能力差。

保护价值： 珍贵的兰科种质资源，具有潜在的开发利用价值。

保护措施： 加强就地保护，加大野生资源本底调查及监测力度；加强宣传教育，增强公众的保护意识。

兰科 Orchidaceae

北插天天麻

Gastrodia peichatieniana S. S. Ying

保护等级	CITES 附录	IUCN 红色名录	极小种群物种	特有性
广西重点	附录 II			中国特有

形态特征：根状茎多少块茎状，肉质。茎直立，无绿叶，淡褐色，有 3 ～ 4 个节；节上无宿存鞘。总状花序具 4 ～ 5 朵花；花梗连同子房长 7 ～ 9 mm，白色或多少带淡褐色；花近直立，白色或多少带淡褐色，长 6 ～ 8 mm；萼片和花瓣合生成细长的花被筒，顶部具 5 枚裂片；外轮裂片（萼片离生部分）相似，三角形，边缘多少皱波状；唇瓣小或不存在；蕊柱有翅，连翅宽 1 ～ 1.5 mm，前方自中部至下部具腺点。花期 10 月。

地理分布：广西、广东、台湾等地。

生境特点：生于林下阴湿处。

资源现状：分布范围较广，分布零星，种群数量极少，野生资源量有递减趋势。

濒危原因：生境遭到破坏、退化或丧失，种子萌芽率低，自然更新能力差。

保护价值：我国特有的种质资源，具有重要的战略意义。

保护措施：加强就地保护，开展近地保护，加大野生资源本底调查及监测力度；加强宣传教育，增强公众的保护意识。

兰科 Orchidaceae

多叶斑叶兰

Goodyera foliosa (Lindl.) Benth. ex C. B. Clarke

保护等级	CITES 附录	IUCN 红色名录	极小种群物种	特有性
广西重点	附录 II			

形态特征：根状茎匍匐，具节。叶疏生于茎上或集生于茎的上半部，叶片为偏斜的卵形至长圆形，具柄。总状花序具几朵至多朵密生而常偏向一侧的花，花序梗极短或几无梗；花苞片外面被毛；花白色带粉红色、白色带淡绿色或近白色；萼片凹陷，外面被毛；花瓣斜菱形，具1条脉，与中萼片黏合成兜状；唇瓣基部凹陷成囊状；囊半球形，内面具多数腺毛，外面有时具红褐色斑块。花期7～9月。

地理分布：广西、香港等地。

生境特点：生于山坡密林下或沟谷阴湿处。

资源现状：分布范围小，种群零散，种群数量少，野生资源量有递减趋势。

濒危原因：过度采挖，生境遭到破坏、退化或丧失，种子萌芽率低，自然更新能力差。

保护价值：珍贵的兰科种质资源；全草可入药，具有清热解毒、活血消肿的功效。

保护措施：加强就地保护，开展近地保护；加强宣传教育，增强公众的保护意识。

兰科 Orchidaceae

光萼斑叶兰

Goodyera henryi Rolfe

保护等级	CITES 附录	IUCN 红色名录	极小种群物种	特有性
广西重点	附录 II	VU		

形态特征：根状茎伸长，匍匐，具节。茎直立，具 4 ～ 6 片叶，常集生于茎的上半部。叶片为偏斜的卵形至椭圆形，腹面无白色或黄白色的斑纹或条纹。花葶无毛，花序梗极短或几无梗；总状花序具花 3 ～ 9 朵；花苞片外面无毛，边缘全缘；花较小，半张开，白色或略带粉红色；萼片外面无毛；花瓣菱形；唇瓣基部囊内面有密毛，前部几乎不向外弯曲；蕊喙长约 4 mm ；子房无毛。花期 8 ～ 9 月。

地理分布：广西、广东、甘肃、浙江、江西、湖南、湖北、四川、贵州、云南、台湾等地。

生境特点：生于林下阴湿处。

资源现状：分布范围较广，种群数量少，野生资源量有递减趋势。

濒危原因：过度采挖，生境遭到破坏、退化或丧失。

保护价值：珍贵的兰科种质资源；全草可入药，具有清热解毒、润肺化痰的功效。

保护措施：加强就地保护，开展近地保护；加强宣传教育，增强公众的保护意识。

兰科 Orchidaceae

斑叶兰 金边莲、银耳环

Goodyera schlechtendaliana Rchb. f.

保护等级	CITES 附录	IUCN 红色名录	极小种群物种	特有性
广西重点	附录 II	NT		

形态特征： 根状茎伸长，匍匐，具节。叶 4～6 片，生于茎的下部；叶片卵形或卵状披针形，腹面具白色不规则的点状斑纹。花葶被长柔毛；总状花序具几朵至 20 余朵疏生近偏向一侧的花；花半张开，白色或带粉红色；萼片外面被柔毛，中萼片舟状，与花瓣黏合成兜状；花瓣菱状倒披针形；唇瓣卵形，基部凹陷成囊状，囊的内面具多数腺毛；蕊喙长 2～3 mm，叉状 2 裂。花期 8～10 月。

地理分布： 广西、山西、河南、陕西、甘肃、安徽、江苏、浙江、江西、福建、台湾等地。

生境特点： 生于山坡或沟谷的阔叶林下阴湿处。

资源现状： 分布范围广，种群零散，种群数量少，野生资源量有递减趋势。

濒危原因： 过度采挖，生境遭到破坏、退化或丧失，种子萌芽率低，自然更新能力差。

保护价值： 具有很高的药用价值，全草可入药，具有润肺止咳、补肾益气、解毒消肿、止痛的功效；亦具有较高的观赏价值。

保护措施： 加强就地保护，开展近地保护，加大野生资源本底调查及监测力度；加强野生资源的生物学研究；加强宣传教育，增强公众的保护意识。

兰科 Orchidaceae

绒叶斑叶兰

Goodyera velutina Maxim.

保护等级	CITES 附录	IUCN 红色名录	极小种群物种	特有性
广西重点	附录 II			

形态特征：根状茎匍匐，具节。茎直立，具 3 ～ 5 片叶。叶片卵形至椭圆形，基部圆形，腹面深绿色或暗紫绿色，天鹅绒状，沿中肋具 1 条白色带，背面紫红色。花葶长 4 ～ 8 cm，被柔毛，具 2 ～ 3 枚鞘状苞片；总状花序具 6 ～ 15 朵偏向一侧的花；子房外面被柔毛；萼片外面被柔毛，中萼片具 1 脉，与花瓣黏合成兜状；侧萼片先端钝，具 1 ～ 3 条脉；花瓣斜长圆状菱形，无毛；唇瓣基部凹陷成囊状；蕊喙叉状 2 裂。花期 9 ～ 10 月。

地理分布：广西、广东、浙江、湖南、湖北、四川、云南、福建、台湾、海南等地。

生境特点：生于山坡林下阴湿处。

资源现状：分布范围较广，种群数量少，野生资源量有递减趋势。

濒危原因：过度采挖，生境遭到破坏、退化或丧失。

保护价值：珍贵的兰科种质资源；全草可入药，具有清热解毒、清肺止咳、活血消肿、止痛、补虚、软坚散结的功效。

保护措施：加强就地保护，开展近地保护，加大野生资源本底调查及监测力度；加强宣传教育，增强公众的保护意识。

兰科 Orchidaceae

橙黄玉凤花 飞花羊

Habenaria rhodocheila Hance

保护等级	CITES 附录	IUCN 红色名录	极小种群物种	特有性
广西重点	附录 II			

形态特征： 植株高 8 ～ 35 cm。茎直立，下部具 4 ～ 6 片叶。叶片线状披针形至近长圆形。总状花序具 2 ～ 10 朵花；花萼片和花瓣绿色，唇瓣橙黄色、橙红色或红色；中萼片近圆形，凹陷，与花瓣靠合呈兜状；花瓣匙状线形；唇瓣轮廓卵形，4 裂，基部具短爪，侧裂片长圆形；中裂片 2 裂，裂片近半卵形；距细圆筒形，污黄色，下垂，长 2 ～ 3 cm，末端通常向上弯。蒴果纺锤形，具喙。花期 7 ～ 8 月，果期 10 ～ 11 月。

地理分布： 广西、广东、江西、湖南、贵州、福建、海南等地。

生境特点： 生于山坡或沟谷林下阴湿处地上及岩石覆土上。

资源现状： 分布范围广，种群零散，种群数量少，野生资源量有递减趋势。

濒危原因： 过度采挖，生境遭到破坏、退化或丧失，种子萌芽率低，自然更新能力差。

保护价值： 株形优雅，花形优美，花色新奇，具有较好的观赏价值；亦具有一定的药用价值，全草可入药，具有补肾壮阳、纳气止喘的功效。

保护措施： 加强就地保护；加强宣传教育，增强公众的保护意识。

兰科 Orchidaceae

镰翅羊耳蒜

Liparis bootanensis Griff.

保护等级	CITES 附录	IUCN 红色名录	极小种群物种	特有性
广西重点	附录 II			

形态特征：附生草本。假鳞茎密集，卵形至狭卵状圆柱形，顶端生 1 片叶。叶片狭长圆状倒披针形至狭长圆形；叶柄长 1 ～ 7 cm。花葶长 7 ～ 24 cm；总状花序具数朵至 20 余朵花；花黄绿色，有时稍带褐色，少有近白色；侧萼片与中萼片近等长，但略宽；花瓣狭线形；唇瓣近宽长圆状倒卵形，基部有 2 个胼胝体或两者基部合生为一；蕊柱上部两侧各有 1 枚镰状或钩状的翅，翅宽约 1 mm。花期 8 ～ 10 月，果期 3 ～ 5 月。

地理分布：广西、广东、四川、贵州、云南、西藏、福建、台湾、海南等地。

生境特点：生于林缘、林中或山谷阴处的树上或岩壁上。

资源现状：分布范围广，种群零散，种群数量少，野生资源量有递减趋势。

濒危原因：过度采挖，生境遭到破坏、退化或丧失，种子萌芽率低，自然更新能力差。

保护价值：有较高的药用价值，全草可入药，具有清热解毒、祛瘀散结、活血调经的功效。

保护措施：加强就地保护；加强宣传教育，增强公众的保护意识。

兰科 Orchidaceae

褐花羊耳蒜

Liparis brunnea Ormerod

保护等级	CITES 附录	IUCN 红色名录	极小种群物种	特有性
广西重点	附录 II			中国特有

形态特征：假鳞茎簇生，椭球形到近方柱形，压扁，被 3 枚鞘包围。叶 1 ～ 2 片；叶片卵状椭圆形至近圆形，基部收缩成鞘，无关节。总状花序长 1.5 ～ 6.5 cm；花序梗长 1.5 ～ 4 cm；花苞片卵状披针形，先端锐尖；花褐色，花梗连同子房长 7.5 ～ 11 mm；背萼片反折，线形；花瓣反折，线形丝状；唇瓣近方形，先端微凹，基部收缩并具 1 ～ 2 个深裂的胼胝体；蕊柱弓形，基部膨大，顶端具狭翅。花期 3 月。

地理分布：广西、广东等地。

生境特点：生于林下、溪谷旁、草丛阴处或岩石覆土上。

资源现状：分布范围较广，种群数量少，野生资源量有递减趋势。

濒危原因：生境遭到破坏、退化或丧失。

保护价值：我国特有的种质资源，具有重要的战略意义。

保护措施：加强就地保护，开展近地保护，加大野生资源本底调查及监测力度；加强宣传教育，增强公众的保护意识。

兰科 Orchidaceae

小巧羊耳蒜

Liparis delicatula Hook. f.

保护等级	CITES 附录	IUCN 红色名录	极小种群物种	特有性
广西重点	附录 II	NT		

形态特征：附生草本，近丛生。假鳞茎密集，长圆柱形或近圆柱状棱形，顶端或近顶端处具 2 ～ 3 片叶。叶片匙状长圆形至长圆状披针形，先端急尖并具短尖，基部收狭成短柄，有关节。花葶长 4 ～ 10 cm，上部有时具狭翅；总状花序长 2 ～ 5 cm，具数朵至 10 余朵花；花白色；花瓣狭线披针形；唇瓣先端近截形或浑圆并有短尾；蕊柱顶端具 2 翅，两侧基部又具 2 翅。蒴果三棱柱状倒卵形。花期 10 月，果期翌年 1 月。

地理分布：广西、云南、西藏、海南等地。

生境特点：生于山坡或河谷林中树上。

资源现状：分布范围较广，分布零星，种群数量较少，野生资源量有递减趋势。

濒危原因：生境遭到破坏、退化或丧失，自然更新能力差。

保护价值：具有较高的观赏价值，适宜园林栽培或盆栽观赏等。

保护措施：加强就地保护，加大野生资源本底调查及监测力度；加强宣传教育，增强公众的保护意识。

兰科 Orchidaceae

长苞羊耳蒜

Liparis inaperta Finet

保护等级	CITES 附录	IUCN 红色名录	极小种群物种	特有性
广西重点	附录 II	CR		中国特有

形态特征：附生草本。假鳞茎卵形，顶端生 1 片叶。叶片倒披针状长圆形或长圆形，基部收狭成柄，有关节。花葶长 4 ~ 8 cm；总状花序具数朵花；花序梗稍压扁，两侧具很狭的翅；花淡绿色；侧萼片略宽于中萼片；花瓣狭线形，略呈镰状；唇瓣近长圆形，先端近截形并具不规则细齿，无胼胝体或褶片；蕊柱上部有2枚略呈三角形并下弯呈钩状的翅。花期9～10月，果期翌年5～6月。

地理分布：广西、贵州等地。

生境特点：生于林下或山谷溪边的岩石上。

资源现状：分布范围较小，种群数量较少，野生资源量有递减趋势。

濒危原因：过度采挖，生境遭到破坏、退化或丧失。

保护价值：我国特有的种质资源，具有重要的战略意义；全草可入药，具有化痰、止咳、润肺的功效。

保护措施：加强就地保护，开展近地保护，加大野生资源本底调查及监测力度；加强宣传教育，增强公众的保护意识。

兰科 Orchidaceae

见血青

Liparis nervosa (Thunb. ex A. Murray) Lindl.

保护等级	CITES 附录	IUCN 红色名录	极小种群物种	特有性
广西重点	附录 II			

形态特征：地生草本。茎或假鳞茎肉质，具数个节，常包于叶鞘之内。叶 2 ～ 5 片；叶片卵形或卵状椭圆形，基部成鞘状柄，无关节。花葶长 10 ～ 20 cm；总状花序具数朵至 10 多朵花；花紫色；中萼片狭长，长 8 ～ 10 mm；侧萼片狭卵状长圆形，长 6 ～ 7 mm；花瓣丝状；唇瓣长圆状倒卵形，长约 6 mm，宽 4.5 ～ 5 mm，先端截形并微凹，基部有 2 个近长圆形的胼胝体；蕊柱上部有狭翅。花期 2 ～ 7 月，果期 10 月。

地理分布：广西、广东、浙江、江西、湖南、湖北、四川、贵州、云南、西藏、福建、台湾等地。

生境特点：生于林下、溪谷旁、草丛阴处或岩石覆土上。

资源现状：分布范围较广，野生资源量较丰富，但有递减趋势。

濒危原因：生境遭到破坏、退化或丧失。

保护价值：珍贵的兰科种质资源；全草可入药，具有清热解毒、生新散瘀、消肿止痛、清肺止血、凉血的功效。

保护措施：加强就地保护，开展近地保护；加强宣传教育，增强公众的保护意识。

兰科 Orchidaceae

扇唇羊耳蒜

Liparis stricklandiana Rchb. f.

保护等级	CITES 附录	IUCN 红色名录	极小种群物种	特有性
广西重点	附录Ⅱ			

形态特征：附生草本。假鳞茎密集，近长圆柱形，长 2 ～ 3.5 cm，顶端或近顶端具 2 片叶。叶片倒披针形或线状倒披针形；花序梗扁圆柱形，两侧具翅；总状花序具 10 余朵花；花绿黄色；萼片狭倒卵形、长圆形至长圆状倒卵形，侧萼片常略宽于中萼片；花瓣近丝状；唇瓣扇形，先端近截形并具短尖，先端边缘具不规则细齿，基部收狭，近基部有 1 个扁圆形的胼胝体。花期 10 月至翌年 1 月，果期 4 ～ 5 月。

地理分布：广西、广东、贵州、云南、西藏、海南等地。

生境特点：生于林中树上或山谷阴处石壁上。

资源现状：分布范围广，种群零散，种群数量少，野生资源量有递减趋势。

濒危原因：过度采挖，生境遭到破坏、退化或丧失，种子萌芽率低，自然更新能力差。

保护价值：有较高的药用价值，全草可入药，具有清热止咳、去腐生新的功效。

保护措施：加强就地保护，开展近地保护，加大野生资源本底调查及监测力度；加强野生资源的生物学研究；加强宣传教育，增强公众的保护意识。

兰科 Orchidaceae

小叶鸢尾兰

Oberonia japonica (Maxim.) Makino

保护等级	CITES 附录	IUCN 红色名录	极小种群物种	特有性
广西重点	附录 II			

形态特征：茎明显，长 1 ～ 2 cm。叶数片，基部二列套叠，两侧压扁，线状披针形，稍镰状，基部无关节。花葶从茎顶端叶间抽出，近圆柱形，无翅，长 2 ～ 8 cm；总状花序具多朵小花；花梗连同子房长 1 ～ 2 mm，常略长于花苞片；花黄绿色至橘红色；侧萼片常略大于中萼片；花瓣与萼片近等长但略狭；侧裂片位于唇瓣基部两侧，全缘；中裂片明显大于侧裂片，先端凹缺或有时中央具 1 小齿。花期 4 ～ 7 月。

地理分布：广西、福建、台湾等地。

生境特点：生于林中树上或岩石上。

资源现状：分布范围较广，分布零星，种群数量较少，野生资源量有递减趋势。

濒危原因：生境遭到破坏、退化或丧失，自然更新能力差。

保护价值：珍贵的兰科种质资源，具有潜在的开发利用价值。

保护措施：加强就地保护，加大野生资源本底调查及监测力度；加强宣传教育，增强公众的保护意识。

兰科 Orchidaceae

西南齿唇兰

Odontochilus elwesii C. B. Clarke ex Hook. f.

保护等级	CITES 附录	IUCN 红色名录	极小种群物种	特有性
广西重点	附录Ⅱ			

形态特征：根状茎肉质，具节。叶6～7片；叶片卵形或卵状披针形，腹面暗紫色或深绿色，常无金红色的脉网纹或白色条纹。总状花序具2～4朵较疏生的花，花序轴被毛；萼片绿色或白色，顶部和中部常带紫红色，外面被毛；中萼片从先端至下部具2条粗的紫红色条纹，与花瓣黏合成兜状；花瓣白色；唇瓣位于花的下方，白色，呈“Y”形，前部2裂；柱头2枚，离生。花期6～8月。

地理分布：广西、四川、贵州、云南、台湾等地。

生境特点：生于山坡或沟谷常绿阔叶林下阴湿处。

资源现状：分布范围较广，种群数量少，野生资源量有递减趋势。

濒危原因：过度采挖，生境遭到破坏、退化或丧失。

保护价值：珍贵的兰科种质资源；全草可入药，具有消肿、止痛的功效。

保护措施：加强就地保护，开展近地保护；加强宣传教育，增强公众的保护意识。

兰科 Orchidaceae

东亚蝴蝶兰 短茎萼脊兰

Phalaenopsis subparishii (Z. H. Tsi) Kocyan & Schuit.

保护等级	CITES 附录	IUCN 红色名录	极小种群物种	特有性
广西重点	附录 II	EN		中国特有

形态特征： 茎长 1 ～ 2 cm，具扁平、长而弯曲的根。叶近基生；叶片长圆形或倒卵状披针形，先端钝且不等侧 2 浅裂，基部具关节和抱茎的鞘；弧形脉间具多数平行细脉，但仅中脉明显。总状花序长达 10 cm，疏生数朵花；花梗连同子房长约 2.5 cm；花具香气，稍肉质，黄绿色带淡褐色斑点；花瓣近椭圆形，具 5 ～ 6 条脉；唇瓣 3 裂，基部与蕊柱足末端结合而形成关节；距角状，长约 1 cm，向前弯曲。花期 5 月。

地理分布： 广西、广东、浙江、湖南、湖北、四川、贵州、福建等地。

生境特点： 生于海拔 300 ～ 1100 m 的山坡林中树干上。

资源现状： 分布范围较广，分布零星，种群数量较少，野生资源量有递减趋势。

濒危原因： 生境遭到破坏、退化或丧失，自然更新能力差。

保护价值： 我国特有的种质资源，具有重要的战略意义。

保护措施： 加强就地保护，加大野生资源本底调查及监测力度；加强宣传教育，增强公众的保护意识。

兰科 Orchidaceae

石仙桃 石橄榄

Pholidota chinensis Lindl.

保护等级	CITES 附录	IUCN 红色名录	极小种群物种	特有性
广西重点	附录 II			

形态特征：根状茎较粗壮，相距 5 ~ 15 mm 或更短距离生假鳞茎。假鳞茎狭卵球状长圆柱形，大小变化甚大，一般长 1.6 ~ 8 cm，基部收狭成柄状。叶 2 片；叶片倒卵状椭圆形、倒披针状椭圆形至近长圆形，干后多少带黑色。花葶长 12 ~ 38 cm；总状花序具数朵至 20 余朵花；花苞片长 1 ~ 1.7 cm；花白色或带浅黄色；侧萼片略狭于中萼片；唇瓣轮廓近宽卵形，略 3 裂，下半部凹陷成半球形的囊。花期 4 ~ 5 月，果期 9 月至翌年 1 月。

地理分布：广西、广东、浙江、贵州、云南、西藏、福建、海南等地。

生境特点：生于林中、林缘或山谷旁的树上或岩石上。

资源现状：分布范围较广，种群数量少，野生资源量有递减趋势。

濒危原因：过度采挖，生境遭到破坏、退化或丧失。

保护价值：我国南方常见中草药，全草或假鳞茎可入药，具有养阴润肺、清热解毒、消瘀止痛、化痰止咳、止血的功效；叶片常绿，花期长，果实翠绿，具有良好的观赏价值。

保护措施：加强就地保护，开展近地保护，加大野生资源本底调查及监测力度；加强宣传教育，增强公众的保护意识。

兰科 Orchidaceae

小舌唇兰

Platanthera minor (Miq.) Rchb. f.

保护等级	CITES 附录	IUCN 红色名录	极小种群物种	特有性
广西重点	附录 II			

形态特征：茎直立，下部具 1 ～ 3 片较大的叶，上部具 2 ～ 5 片逐渐变小为披针形或线状披针形的苞片状小型叶，基部具 1 ～ 2 枚筒状鞘。叶互生，茎最下面的 1 片最大，基部鞘状抱茎。总状花序具多数疏生的花；花苞片卵状披针形，下部的花苞片较子房长；花黄绿色，萼片具 3 条脉，边缘全缘；花瓣直立，基部的前侧扩大，有基出 2 条脉及 1 条支脉，与中萼片靠合成兜状；唇瓣舌状，肉质；子房圆柱形，扭转，无毛。花期 5 ～ 7 月。

地理分布：广西、广东、海南、河南、安徽、江苏、浙江、江西、湖南、湖北、四川、贵州、云南、福建、台湾等地。

生境特点：生于山坡林下或草地。

资源现状：分布范围较广，种群数量较多，野生资源量较丰富，但有递减趋势。

濒危原因：过度采挖，生境遭到破坏、退化或丧失。

保护价值：珍贵的兰科种质资源；全草可入药，具有养阴润肺、益气生津的功效。

保护措施：加强就地保护，开展近地保护；加强宣传教育，增强公众的保护意识。

兰科 Orchidaceae

白肋菱兰 白肋翻唇兰

Rhomboda tokioi (Fukuy) Ormerod

保护等级	CITES 附录	IUCN 红色名录	极小种群物种	特有性
广西重点	附录 II	VU		

形态特征：根状茎匍匐，具节。茎暗红褐色，具数片叶。叶片沿中脉具一白色条纹或白色条纹不明显。花葶直立，被毛，具1～3枚鞘状苞片；总状花序具3～15朵疏生的花；花苞片褐红色，被毛，边缘撕裂状；萼片背面被毛，红褐色，具1条脉，中萼片与花瓣黏合成兜状；花瓣白色，极不等侧，无毛；唇瓣兜状舟形，近中部3裂；子房圆柱形，不扭转，外面被毛。花期9～10月。

地理分布：广西、广东、台湾等地。

生境特点：生于林下、溪谷旁、草丛阴处。

资源现状：分布范围较广，分布零星，种群数量少，野生资源量有递减趋势。

濒危原因：过度采挖，生境遭到破坏、退化或丧失。

保护价值：珍贵的兰科种质资源，具有潜在的开发利用价值。

保护措施：加强就地保护，开展近地保护；加强宣传教育，增强公众的保护意识。

兰科 Orchidaceae

苞舌兰　土白芨

Spathoglottis pubescens Lindl.

保护等级	CITES 附录	IUCN 红色名录	极小种群物种	特有性
广西重点	附录 II			

形态特征： 假鳞茎扁球形，顶生 1～3 片叶。叶片带状或狭披针形。花葶纤细或粗壮，密被柔毛；总状花序疏生 2～8 朵花；花苞片外面及花梗连同子房均密布柔毛；花黄色；萼片外面被柔毛；花瓣与萼片等长，但无毛；唇瓣约等长于花瓣，3 裂，两侧裂片之间凹陷成囊状；中裂片倒卵状楔形，先端近截形并有凹缺，基部具短而宽的爪；唇盘上具 3 条纵向的龙骨状脊，其中央 1 条隆起而成肉质的褶片。花期 7～10 月。

地理分布： 广西、广东、浙江、江西、湖南、四川、贵州、云南、福建等地。

生境特点： 生于山坡草丛中或疏林下。

资源现状： 分布范围较广，种群数量少，野生资源量有递减趋势。

濒危原因： 过度采挖，生境遭到破坏、退化或丧失。

保护价值： 株形优美，花美色艳，易栽培，可作为庭院、盆栽观赏植物；假鳞茎可入药，具有清热解毒、补肺止咳、生肌敛疮的功效。

保护措施： 加强就地保护，开展近地保护，加大野生资源本底调查及监测力度；加强宣传教育，增强公众的保护意识。

兰科 Orchidaceae

心叶带唇兰 心叶球柄兰

Tainia cordifolia Hook. f.

保护等级	CITES 附录	IUCN 红色名录	极小种群物种	特有性
广西重点	附录 II	EN		

形态特征：假鳞茎似叶柄状，常为2枚筒状鞘所包，顶生1片叶。叶片肉质，腹面灰绿色带深绿色斑块，背面具灰白色条带，基部心形，具3条弧形脉，无柄。花葶直立，长达25 cm；总状花序具3～5朵花；花萼片和花瓣褐色带紫褐色脉纹；侧萼片基部贴生于蕊柱足而形成宽钝的萼囊；唇瓣长2.5～3 cm，稍3裂，侧裂片白色带紫红色斑点，中裂片黄色且边缘具紫色斑点；唇盘具3条黄色褶片。花期5～7月。

地理分布：广西、广东、云南、福建、台湾等地。

生境特点：生于沟谷林下阴湿处。

资源现状：分布范围较广，种群零散，种群数量少，野生资源量有递减趋势。

濒危原因：过度采挖，生境遭到破坏、退化或丧失，种子萌芽率低，自然更新能力差。

保护价值：珍贵的兰科种质资源，具有潜在的开发利用价值。

保护措施：加强就地保护，开展近地保护，加大野生资源本底调查及监测力度；加强宣传教育，增强公众的保护意识。

兰科 Orchidaceae

带唇兰

Tainia dunnii Rolfe

保护等级	CITES 附录	IUCN 红色名录	极小种群物种	特有性
广西重点	附录 II	NT		中国特有

形态特征：假鳞茎暗紫色，顶生 1 片叶。叶片狭长圆形或椭圆状披针形，基部渐狭为柄。总状花序长达 20 cm；花序轴红棕色，疏生多数花；花黄褐色或棕紫色；侧萼片狭长圆状镰形，与中萼片等长，基部贴生于蕊柱足而形成明显的萼囊；花瓣与萼片等长而较宽；唇瓣前部 3 裂，侧裂片淡黄色，具许多紫黑色斑点，先端锐尖；中裂片黄色，先端近截形或凹缺而具 1 个短突；唇盘具 3 条褶片。花期 3～4 月。

地理分布：广西、广东、浙江、江西、湖南、四川、贵州、福建、台湾、海南等地。

生境特点：生于常绿阔叶林下阴湿处或山涧溪边。

资源现状：分布范围较广，分布零星，种群数量少，野生资源量有递减趋势。

濒危原因：过度采挖，生境遭到破坏、退化或丧失，种子萌芽率低，自然更新能力差。

保护价值：我国特有的种质资源，具有重要的战略意义。

保护措施：加强就地保护，开展近地保护，加大野生资源本底调查及监测力度；加强宣传教育，增强公众的保护意识。

兰科 Orchidaceae

大花带唇兰

Tainia macrantha Hook. f.

保护等级	CITES 附录	IUCN 红色名录	极小种群物种	特有性
广西重点	附录 II	VU		

形态特征：假鳞茎弧曲上举，呈细圆柱形，顶生1枚叶。叶片椭圆形。总状花序具3～6朵花；花大，顶部朱红色，基部绿白色带朱红色斑点；中萼片狭披针形；侧萼片相似于中萼片，但较长；萼囊宽圆锥形；花瓣披针形，与中萼片近等长；唇瓣近戟形，前部稍3裂；中裂片卵状三角形，先端急尖，上面具3条褶片，两侧的褶片较宽，弧形；蕊柱翅向下延伸到蕊柱足基部。花期7～8月。

地理分布：广西、广东等地。

生境特点：生于山坡林下或沟谷岩石边。

资源现状：分布范围较广，分布零星，种群数量少，野生资源量有递减趋势。

濒危原因：过度采挖，生境遭到破坏、退化或丧失，种子萌芽率低，自然更新能力差。

保护价值：珍贵的兰科种质资源，具有潜在的开发利用价值。

保护措施：加强就地保护，开展近地保护，加大野生资源本底调查及监测力度；加强宣传教育，增强公众的保护意识。

兰科 Orchidaceae

长喙兰

Tsaiorchis keiskeoides (Gagnep.) X. H. Jin, Schuit. & W. T. Jin

保护等级	CITES 附录	IUCN 红色名录	极小种群物种	特有性
广西重点	附录 II	EN		

形态特征： 茎直立，无毛。叶片卵状长圆形或长圆状椭圆形，基部渐狭成短柄，具 7 条弧形脉。总状花序具 5 ～ 7 朵花；花苞片与花梗连同子房近等长；花小，淡紫色或粉红色；中萼片长圆状椭圆形，具 1 条脉；侧萼片斜狭长圆形，具 1 条脉；花瓣斜椭圆形，具 1 条脉；唇瓣基部具距，后部长圆状卵形，近中部稍缢缩，前部扩大，3 裂，上面具多数乳头状突起；子房圆柱状纺锤形，扭转，无毛。花期 8 ～ 9 月。

地理分布： 广西、云南等地。

生境特点： 生于山坡或沟谷密林下。

资源现状： 分布范围较广，种群数量较少，野生资源量有递减趋势。

濒危原因： 过度采挖，生境遭到破坏、退化或丧失。

保护价值： 珍贵的兰科种质资源，具有潜在的开发利用价值。

保护措施： 加强就地保护，开展近地保护，加大野生资源本底调查及监测力度；加强宣传教育，增强公众的保护意识。

兰科 Orchidaceae

宽叶线柱兰

Zeuxine affinis (Lindl.) Benth. ex Hook. f.

保护等级	CITES 附录	IUCN 红色名录	极小种群物种	特有性
广西重点	附录 II			

形态特征：根状茎肉质；茎具 4 ～ 6 片叶。叶片卵形、卵状披针形或椭圆形，基部收狭成长达 1 cm 的柄。花葶被柔毛，具 1 ～ 2 枚鞘状苞片，鞘状苞片外面被柔毛；总状花序具数朵至 10 多朵花；花苞片卵状披针形，外面和边缘均具柔毛；花黄白色，萼片外面被柔毛；唇瓣白色，呈“Y”形，前部 2 裂，全缘或具波状齿，基部凹陷成囊状，囊内两侧各具 1 个钩状的胼胝体；子房圆柱形，扭转，外面被柔毛。花期 2 ～ 4 月。

地理分布：广西、广东、湖南、云南、台湾、海南等地。

生境特点：生于山坡或沟谷林下阴处。

资源现状：分布范围较广，种群数量少，野生资源量有递减趋势。

濒危原因：过度采挖，生境遭到破坏、退化或丧失。

保护价值：珍贵的兰科种质资源，具有潜在的开发利用价值。

保护措施：加强就地保护，开展近地保护，加大野生资源本底调查及监测力度；加强宣传教育，增强公众的保护意识。

兰科 Orchidaceae

绿叶线柱兰

Zeuxine agyokuana Fukuy.

保护等级	CITES 附录	IUCN 红色名录	极小种群物种	特有性
广西重点	附录 II			

形态特征： 根状茎具节。茎直立，紫绿色，具 4 ～ 5 片叶。叶片卵状椭圆形，基部收狭成长 8 ～ 12 mm 的柄，叶柄下部扩大成鞘抱茎。花葶带红褐色，被毛，具 2 枚鞘状苞片；总状花序具几朵至 10 余朵较疏生的花；花萼片红褐色，外面无毛；花瓣白色，与中萼片黏合成兜状；唇瓣卵形，呈包卷状，基部凹陷成囊状，囊内两侧各具 1 个钩状的胼胝体，近中部 3 裂；子房圆柱形，扭转，无毛。花期 9 月。

地理分布： 广西、台湾等地。

生境特点： 生于山坡林下阴湿处。

资源现状： 分布范围较广，分布零星，种群数量少，野生资源量有递减趋势。

濒危原因： 过度采挖，生境遭到破坏、退化或丧失。

保护价值： 珍贵的兰科种质资源，具有潜在的开发利用价值。

保护措施： 加强就地保护，开展近地保护，加大野生资源本底调查及监测力度；加强宣传教育，增强公众的保护意识。

附录　异形玉叶金花

异形玉叶金花是1943年李惠林先生根据采自广西金秀大瑶山的标本而发表的新种，然而，自从发表以后在野外考察中就没有再被发现。目前有学者基于形态分类研究认为其应归并入大叶白纸扇（*Mussaenda shikokiana* Makino）。异形玉叶金花每朵花的5枚萼裂片均发育成叶状，洁白、素雅，极具观赏价值，其分类地位也有待进一步研究。期待某一天，异形玉叶金花重现！

异形玉叶金花 *Mussaenda anomala* H. L. Li

A. 花枝；B. 萼片；C. 子房

中文名索引

B

八角莲…………………… 102
巴戟天…………………… 264
白豆杉…………………… 80
白花油麻藤…………… 172
白肋菱兰………………… 422
白丝草…………………… 312
白辛树…………………… 258
百合花杜鹃…………… 232
百日青…………………… 72
斑叶兰…………………… 392
半枫荷…………………… 186
半柱毛兰………………… 380
苞舌兰…………………… 424
薄叶红厚壳…………… 160
北插天天麻…………… 386
伯乐树…………………… 204

C

长苞铁杉………………… 54
长苞羊耳蒜…………… 404
长柄石杉………………… 2
长萼栝楼………………… 136
长花忍冬………………… 266
长喙兰…………………… 432
长距虾脊兰…………… 334
长筒漏斗苣苔………… 298
长圆果冬青…………… 192
长圆团叶杜鹃………… 238
橙黄玉凤花…………… 396
齿瓣石豆兰…………… 322
齿萼报春苣苔………… 296
重唇石斛………………… 362
粗齿黔蕨………………… 38
粗齿桫椤………………… 20
粗梗木莲………………… 86

D

大齿马铃苣苔………… 292
大橙杜鹃………………… 222
大花带唇兰…………… 430
大血藤…………………… 106
大瑶山琼楠…………… 94
大瑶山鸭脚茶………… 156
大瑶山蜘蛛抱蛋……… 308
带唇兰…………………… 428
带叶蜘蛛抱蛋………… 302
单叶厚唇兰…………… 360
灯笼树…………………… 220
定心藤…………………… 194
东亚蝴蝶兰…………… 414
独脚金…………………… 276
短萼黄连………………… 100
多花兰…………………… 346
多叶斑叶兰…………… 388

F

帆状蜘蛛抱蛋………… 304
肥荚红豆………………… 174
伏生石豆兰…………… 324
福建柏…………………… 66
福建观音座莲………… 16
福氏马尾杉…………… 12

G

刚毛白簕………………… 216
高宝兰…………………… 338
钩距虾脊兰…………… 332
钩状石斛………………… 356
观光木…………………… 88
光萼斑叶兰…………… 390
广东石斛………………… 364
广东西番莲…………… 132
广防己…………………… 114
广西蒲儿根…………… 268
广西蜘蛛抱蛋………… 306
桂海杜鹃………………… 226

H

海明关木通…………… 116
海南粗榧………………… 78
寒兰……………………… 350
合柱金莲木…………… 152
褐花羊耳蒜…………… 400
黑边铁角蕨…………… 34
黑老虎…………………… 92
黑毛石斛………………… 372
黑桫椤…………………… 28
红椿……………………… 198
槲蕨……………………… 42
虎舌兰…………………… 378
花榈木…………………… 176
华南马尾杉…………… 8
华南五针松…………… 56
黄花倒水莲…………… 118
黄杨叶芒毛苣苔……… 278

喙核桃…………………… 208

J

鸡毛松…………………… 68
尖山橙…………………… 260
见血青…………………… 406
江南油杉………………… 52
金唇兰…………………… 336
金耳环…………………… 112
金花猕猴桃……………… 148
金毛狗…………………… 18
金荞麦…………………… 124
金丝条马尾杉…………… 10
金线兰…………………… 318
金秀杜鹃………………… 230
金秀秋海棠……………… 138
矩唇石斛………………… 366

K

铠兰……………………… 344
榼藤……………………… 170
宽叶线柱兰……………… 434

L

棱果花…………………… 154
镰翅羊耳蒜……………… 398
亮叶杨桐………………… 142
灵香草…………………… 254
岭南来江藤……………… 274
流苏贝母兰……………… 340
罗汉果…………………… 134
罗蒙常山………………… 164
绿叶线柱兰……………… 436

M

马蹄参…………………… 214
毛杜仲藤………………… 262
毛凤仙花………………… 126
毛瑞香…………………… 130
毛叶两面针……………… 196
密花豆…………………… 180
密花石斛………………… 358
密花虾脊兰……………… 330
苗山冬青………………… 190
闽楠……………………… 96
膜果秋海棠……………… 140
墨兰……………………… 354

N

南川石杉………………… 4
南方红豆杉……………… 82
南岭石杉………………… 6
黏木……………………… 162

P

旁杞木…………………… 158
平鳞黑桫椤……………… 26

Q

七叶一枝花……………… 314
翘距虾脊兰……………… 328
青牛胆…………………… 110
青钱柳…………………… 210
青杨梅…………………… 188

R

任豆……………………… 182
绒叶斑叶兰……………… 394

S

三叉凤尾蕨……………… 32
伞花木…………………… 202
扇唇羊耳蒜……………… 408
蛇舌兰…………………… 376
圣堂杜鹃………………… 224
石斛……………………… 370
石上莲…………………… 286
石仙桃…………………… 416
水晶兰…………………… 246
水蕨……………………… 30
水石衣…………………… 122
苏铁蕨…………………… 36
穗花杉…………………… 76
桫椤……………………… 22

T

台湾松…………………… 60
台湾吻兰………………… 342
天麻……………………… 382
甜茶……………………… 166
条叶猕猴桃……………… 150
铁杉……………………… 62
通脱木…………………… 218
兔耳兰…………………… 352
椭圆叶越橘……………… 242

W

网脉越橘………………… 240
无耳沼兰………………… 374
无毛漏斗苣苔…………… 300

X

西南齿唇兰……………… 412
稀果杜鹃………………… 236
喜树……………………… 212
细茎石斛………………… 368
小横蒴苣苔……………… 282
小巧羊耳蒜……………… 402

小舌唇兰………………… 420
小叶红豆………………… 178
小叶罗汉松……………… 74
小叶石豆兰……………… 326
小叶鸢尾兰……………… 410
心叶带唇兰……………… 426
心叶折柄茶……………… 146
心叶紫金牛……………… 252
血散薯…………………… 108

Y

羊踯躅…………………… 234
瑶山蝉翼藤……………… 120
瑶山丁公藤……………… 270
瑶山凤仙花……………… 128
瑶山苣苔………………… 288
瑶山母草………………… 272
瑶山山黑豆……………… 168
瑶山瓦韦………………… 44
瑶山野木瓜……………… 104
瑶山越橘………………… 244
野生茶…………………… 144
异黄精…………………… 310
异蕊马铃苣苔…………… 290
银杉……………………… 48
银钟花…………………… 256
瘿椒树…………………… 206
有柄马尾杉……………… 14
羽裂报春苣苔…………… 294
圆叶舌蕨………………… 40
云南拟单性木兰………… 90

Z

折柱天麻………………… 384
竹叶兰…………………… 320
紫花马铃苣苔…………… 284
紫荆木…………………… 248
走马胎…………………… 250

拉丁名索引

A

Actinidia chrysantha......148
Actinidia fortunatii......150
Adinandra nitida......142
Aeschynanthus buxifolius......278
Alsophila denticulata......20
Alsophila spinulosa......22
Amentotaxus argotaenia......76
Angiopteris fokiensis......16
Annamocarya sinensis......208
Anoectochilus roxburghii......318
Arachniodes blinii......38
Ardisia gigantifolia......250
Ardisia maclurei......252
Arundina graminifolia......320
Asarum insigne......112
Aspidistra fasciaria......302
Aspidistra molendinacea......304
Aspidistra retusa......306
Aspidistra yunbiaoi......308
Asplenium speluncae......34

B

Barthea barthei......154
Beccarinda minima......282
Begonia glechomifolia......138
Begonia hymenocarpa......140
Beilschmiedia weii......94
Brainea insignis......36
Brandisia swinglei......274
Bretschneidera sinensis......204
Bulbophyllum levinei......322
Bulbophyllum reptans......324
Bulbophyllum tokioi......326

C

Calanthe aristulifera......328
Calanthe densiflora......330
Calanthe graciliflora......332
Calanthe sylvatica......334
Calophyllum membranaceum......160
Camellia sinensis......144
Camptotheca acuminata......212
Carallia pectinifolia......158
Cathaya argyrophylla......48
Cephalotaxus hainanensis......78
Ceratopteris thalictroides......30
Chamaelirium chinense......312
Chrysoglossum ornatum......336
Cibotium barometz......18
Cionisaccus procera......338
Coelogyne fimbriata......340
Collabium formosanum......342
Coptis chinensis var. *brevisepala*......100
Corybas sinii......344
Cyclocarya paliurus......210
Cymbidium floribundum......346
Cymbidium kanran......350
Cymbidium lancifolium......352
Cymbidium sinense......354

D

Dacrycarpus imbricatus......68
Daphne kiusiana var. *atrocaulis*......130
Dendrobium aduncum......356
Dendrobium densiflorum......358
Dendrobium fargesii......360
Dendrobium hercoglossum......362
Dendrobium kwangtungense......364
Dendrobium linawianum......366
Dendrobium moniliforme......368
Dendrobium nobile......370
Dendrobium williamsonii......372
Dichroa yaoshanensis......164
Dienia ophrydis......374

Diplopanax stachyanthus 214
Diploprora championii 376
Drynaria roosii 42
Dumasia nitida 168
Dysosma versipellis 102

E

Elaphoglossum sinii 40
Eleutherococcus setosus 216
Enkianthus chinensis 220
Entada phaseoloides 170
Epipogium roseum 378
Eria corneri 380
Erycibe sinii 270
Eurycorymbus cavaleriei 202

F

Fagopyrum dibotrys 124
Fokienia hodginsii 66

G

Gastrodia elata 382
Gastrodia flexistyla 384
Gastrodia peichatieniana 386
Goodyera foliosa 388
Goodyera henryi 390
Goodyera schlechtendaliana 392
Goodyera velutina 394
Gymnosphaera henryi 26
Gymnosphaera podophylla 28

H

Habenaria rhodocheila 396
Heteropolygonatum roseolum 310
Huperzia javanica 2
Huperzia nanchuanensis 4
Huperzia nanlingensis 6
Hydrobryum griffithii 122

I

Ilex chingiana 190
Ilex guangxica 192
Impatiens lasiophyton 126
Impatiens macrovexilla var. *yaoshanensis* 128
Isotrema fangchi 114
Isotrema haimingii 116
Ixonanthes reticulata 162

K

Kadsura coccinea 92
Keteleeria fortunei var. *cyclolepis* 52

L

Lepisorus kuchenensis 44
Lindernia yaoshanensis 272
Liparis bootanensis 398
Liparis brunnea 400
Liparis delicatula 402
Liparis inaperta 404
Liparis nervosa 406
Liparis stricklandiana 408
Lonicera longiflora 266
Lysimachia foenum-graecum 254

M

Madhuca pasquieri 248
Manglietia crassipes 86
Mappianthus iodoides 194
Melodinus fusiformis 260
Michelia odora 88
Monotropa uniflora 246
Morella adenophora 188
Morinda officinalis 264
Mucuna birdwoodiana 172

N

Nothotsuga longibracteata 54

O

Oberonia japonica 410
Odontochilus elwesii 412
Oreocharis argyreia 284
Oreocharis benthamii var. *reticulata* 286
Oreocharis cotinifolia 288
Oreocharis heterandra 290
Oreocharis magnidens 292

Ormosia fordiana 174
Ormosia henryi 176
Ormosia microphylla 178

P

Parakmeria yunnanensis 90
Paris chinensis 314
Passiflora kwangtungensis 132
Perkinsiodendron macgregorii 256
Phalaenopsis subparishii 414
Phlegmariurus austrosinicus 8
Phlegmariurus fargesii 10
Phlegmariurus fordii 12
Phlegmariurus petiolatus 14
Phoebe bournei 96
Pholidota chinensis 416
Pinus kwangtungensis 56
Pinus taiwanensis 60
Platanthera minor 420
Podocarpus neriifolius 72
Podocarpus wangii 74
Polygala fallax 118
Primulina pinnatifida 294
Primulina verecunda 296
Pseudotaxus chienii 80
Pteris tripartita 32
Pterostyrax psilophyllus 258

R

Raphiocarpus macrosiphon 298
Raphiocarpus sinicus 300
Rhododendron dachengense 222
Rhododendron dachengense var. *scopulum* 224
Rhododendron guihainianum 226
Rhododendron jinxiuense 230
Rhododendron liliiflorum 232
Rhododendron molle 234
Rhododendron oligocarpum 236
Rhododendron orbiculare subsp. *oblongum* 238
Rhomboda tokioi 422
Rubus chingii var. *suavissimus* 166

S

Sargentodoxa cuneata 106
Sauvagesia rhodoleuca 152
Securidaca yaoshanensis 120
Semiliquidambar cathayensis 186
Sinosenecio guangxiensis 268
Siraitia grosvenorii 134
Spathoglottis pubescens 424
Spatholobus suberectus 180
Stauntonia yaoshanensis 104
Stephania dielsiana 108
Stewartia cordifolia 146
Striga asiatica 276

T

Tainia cordifolia 426
Tainia dunnii 428
Tainia macrantha 430
Tapiscia sinensis 206
Tashiroea dayaoshanensis 156
Taxus wallichiana var. *mairei* 82
Tetrapanax papyrifer 218
Tinospora sagittata 110
Toona ciliata 198
Trichosanthes laceribractea 136
Tsaiorchis keiskeoides 432
Tsuga chinensis 62

U

Urceola huaitingii 262

V

Vaccinium crassivenium 240
Vaccinium pseudorobustum 242
Vaccinium yaoshanicum 244

Z

Zanthoxylum nitidum var. *tomentosum* 196
Zenia insignis 182
Zeuxine affinis 434
Zeuxine agyokuana 436